材料学シリーズ

堂山 昌男　小川 恵一　北田 正弘
監　修

材料設計計算工学 計算熱力学編

CALPHAD 法による熱力学計算および解析

増補新版

阿部 太一 著

内田老鶴圃

本書の全部あるいは一部を断わりなく転載または
複写(コピー)することは，著作権および出版権の
侵害となる場合がありますのでご注意下さい．

材料学シリーズ刊行にあたって

科学技術の著しい進歩とその日常生活への浸透が20世紀の特徴であり，その基盤を支えたのは材料である．この材料の支えなしには，環境との調和を重視する21世紀の社会はありえないと思われる．現代の科学技術はますます先端化し，全体像の把握が難しくなっている．材料分野も同様であるが，さいわいにも成熟しつつある物性物理学，計算科学の普及，材料に関する膨大な経験則，装置・デバイスにおける材料の統合化は材料分野の融合化を可能にしつつある．

この材料学シリーズでは材料の基礎から応用までを見直し，21世紀を支える材料研究者・技術者の育成を目的とした．そのため，第一線の研究者に執筆を依頼し，監修者も執筆者との討論に参加し，分かりやすい書とすることを基本方針にしている．本シリーズが材料関係の学部学生，修士課程の大学院生，企業研究者の格好のテキストとして，広く受け入れられることを願う．

監修　　堂山昌男　小川恵一　北田正弘

「材料設計計算工学」によせて

本書は学部で習う材料学の基礎知識をもとに，コンピュータの力を借り，材料設計に取り組もうとしている学生，研究者，技術者にとっての最新入門書である．

構造材料，機能材料を問わずその特性はミクロ組織に依存し，その大枠は状態図によって支配されている．状態図とミクロ組織の共通支配因子は自由エネルギーである．解析用ソフトウェアの開発とデータベースの充実にともない，自由エネルギーの計算確度は実用可能な域に近づきつつある．主な計算手法は状態図に関してはCALPHAD，組織に関してはPhase-Field法である．

この「材料設計計算工学」は，CALPHADを扱う計算熱力学編とPhase-Field法を扱う計算組織学編の二編からなる．両手法は自由エネルギーを介してやがては統合され，計算だけによる実用材料設計も夢ではなくなる日が近いと期待される．

小川恵一

材料設計計算工学 序文

　材料の力学特性や機能特性は，そのミクロ組織に大きく依存している．状態図は，「材料設計の地図」であると形容されるように，目的のミクロ組織を得るため，製造プロセスの最適化のためには必須である．近年ではこの合金状態図を求めるための手法として CALPHAD（カルファド）法と呼ばれる状態図計算・評価手法が広く行われるようになってきた．この CALPHAD 法とは，熱力学モデルを基に，様々な実験データや理論計算データを解析し，種々の状態変数の関数として各相のギブスエネルギーを決定し，コンピューターにより状態図を計算する手法であり，熱力学モデルの仮定が満足される範囲内であれば，多元系や高温・低温，高圧・低圧領域への外挿精度も高く，その有用性から，現在では数多くの熱力学データベースが市販・公開され，研究や材料開発に広く用いられている．さらに，ここ数年では第一原理計算を援用することでこれまでは実験データを得ることができなかった準安定相を含めた熱力学解析が行われるようになり，得られるギブスエネルギー関数の精度が格段に向上している．このような研究領域は「計算熱力学」と呼ばれ，近年発展が著しい新しい領域である．

　さらに近年，連続体モデルに基づく材料組織形成過程の現象論的なシミュレーション法として，フェーズフィールド法（Phase-field method）が提唱され，現在，種々の材料科学・工学分野を横断的に進展しており，具体的な計算対象は，デンドライト成長，拡散相分解（核形成，スピノーダル分解，オストワルド成長など），規則-不規則変態，各種ドメイン成長（誘電体，磁性体），結晶変態，マルテンサイト変態，形状記憶，結晶粒成長・再結晶，転位ダイナミクス，破壊（クラックの進展），…等々，材料組織学を中心にほぼ材料学全般に広がっている．特にフェーズフィールド法では，材料組織の全自由エネルギーが最も効率的に減少するように，組織形成過程を非線形発展方程式に基づき算出するので，計算理論にエネルギー論と速度論の両方が内在されている．

フェーズフィールド法に含まれているエネルギー評価法は，不均一な組織形態の有する全自由エネルギーの一般的計算法となっているので，近年のナノからメゾスケールにおける複雑な材料組織安定性の解析に効果的に活用できる利点がある．

　以上の背景の下に現在，計算材料設計の分野に非常に大きな変革が起きている．つまり，CALPHAD 法の進展により，（安定・準安定相共に）構成相のギブスエネルギーのデータベースが整備されたことによって，このギブスエネルギーを直接，フェーズフィールド法に適用する道が拓けた．すなわち，実際の合金状態図上における材料組織形成の計算が可能になり始めたのである．これは，計算に基づく合金設計の実効的な実現を意味する．特に MEMS（Micro Electro Mechanical Systems）に代表される近年のナノ〜マイクロスケールにいたる "もの創り・デバイス設計" では，材料組織のメゾスケールを避けては通れないので，このスケールにおける True Nano の "もの創り" は，組織形成そのものを反映した "もの創り" にならざるを得ない特徴がある．

　これまでに出版されている熱力学に関する書籍は数多くあるが，そこでは CALPHAD 法による計算熱力学の基礎となる部分が主で，CALPHAD 法の熱力学評価の詳細，新しいトピックである第一原理計算の援用手法などはあまり触れられていない．またフェーズフィールド法に関するまとまった書籍は，国内にはほとんど存在しない．CALPHAD 法とフェーズフィールド法をベースとした合金設計の計算工学は，状態図と実用材料・特性を結ぶ極めて有効な基礎学問体系である．さらにこの両者には，計算ソフトウェアも兼ね備わっているため，材料学に携わる学生・研究者・技術者にとって，非常に実効的なツールでもある．

　本姉妹編「材料設計計算工学（計算熱力学編ならびに計算組織学編）」では，CALPHAD 法およびフェーズフィールド法の計算手法の入門について，最近の計算例を含めて解説する．材料学に携わる学生・研究者・技術者にとって，座右の書（サバイバルのための武器マニュアル）となることを祈念している．

　2011 年 7 月

阿部 太一　小山 敏幸

計算熱力学編 序文

　熱力学が学問領域として成立したのは 1850 年ごろといわれている．また，同じころから 19 世紀後半には，現在の元素周期表上にある安定元素（約 80 種）のほとんどが見つかっており，このころに状態図研究の大枠（準備）が整ったといってもいいだろう．また一方で，近代製鉄の始まりともいえる，ヘンリー ベッセマーによる転炉を用いた鋼の大量生産技術の確立（1856 年）により，実用的にも状態図・熱力学のニーズが急速に高まってきた時代でもある．さらに，ソルビー（1864 年）による組織観察手法やル・シャトリエが考案した熱電対や示差熱分析（1880 年頃）は，強力な状態図の研究手法となり，オーステナイト（Fe-C 系状態図における fcc 固溶体）の由来となったロバーツ オーステンによる Fe-C 状態図の作成など，実験的な状態図の研究は 19 世紀後半から 20 世紀の初めにおいて盛んに行われるようになった．その当時の成果はハンセンの状態図集（1936 年）としてまとめられている．そして現在，それから約 100 年が経とうとしている．この間，状態図研究はより大きな進展を遂げてきたが，その大きな推進役となっているのが 1970 年頃から始まった CALPHAD である．当初，状態図作成はほぼ実験のみによって行われており，計算で状態図を求めようという試みが最初から好意的に受け入れられていたわけではなく，現在のように計算状態図が広く認知されるまでには，これまでに多くの先生方の大変な苦労があったようである．

　これまでに，計算熱力学に関してはいくつかのテキストがあるが，本書では「状態図-ギブスエネルギー曲線-熱力学モデル-熱力学モデルのパラメーター」間の関係ができるだけわかりやすくなるようにという点を念頭においている．特に CALPHAD で広く用いられている副格子モデル（コンパウンドエナジーフォーマリズム）におけるパラメーターの関係をなるべく詳しく記述した．実際の状態図を見たときに，そこから多くの情報を読み解くことができるようになるためには，これら熱力学モデル（とパラメーター）の理解が重要である．

そして，本書をきっかけとして一人でも多くの方々が状態図・計算熱力学に興味を持っていただければ幸いである．

　最後に，本書執筆の機会を与えていただいた，本シリーズ監修者の堂山昌男，小川恵一，北田正弘の各先生方に心から感謝する．特に小川恵一先生には，何とか形になった程度の拙い最初の原稿から最終稿まで，懇切丁寧な査読をしていただいた．原稿の細部にわたって数式の導出や説明不足な点，筆者が誤解していた点などを指摘していただいたことで，最初に比べ多くの点で大きく改善することができた．また，内田老鶴圃の内田学氏からは，執筆に行き詰っているときなど，何度も励ましていただいた．同氏の激励がなければ脱稿がいつになったことかわからない．また，本書の執筆に当たっては，橋本清，澤田由紀子，阿部三永子各氏に原稿を精読いただき，多くの有益な指摘をいただいた．ここに各氏に心から感謝する．

　　2011 年 7 月

阿部　太一

計算熱力学編 増補新版 序文

2011 年の出版から約 8 年が過ぎた．この間，CALPHAD 法は着実に進んできた．その大きな流れとしては，例えば第一原理手法を用いて 0 K から高温域までの種々の相のラティススタビリティを決めようとする試み，すなわち第三世代データベースがあり，PyCALPHAD などのフリーソフトウェアに代表されるデータ科学への進展がある．このデータ科学的手法により将来はより迅速に各種の合金系の熱力学解析が進むと期待されている．

少し時代を戻して CALPHAD の初め頃のことを考えてみよう．状態図を計算しようとするその第一の目的は，実験による状態図決定の困難さの克服であったが，それに加えて熱力学という学問分野に"計算科学"を導入することで得られた利点は見通しのよさであった．これは Hillert 教授の言葉である．系の挙動を決めるには，多くの独立変数・従属変数・複合変数，そして種々の拘束条件や内部自由度があり，それらがどのように関係し，どのように振る舞うのか，系が複雑になるとそれらを実際につかむことは困難であった．しかし，計算の俎上に載せることで，それらを自在に定義し扱うことが可能になった．その結果，熱力学という体系の見通しがよくなり，多くの元素からなる多元実用系への実際の適用への道筋が強固になったのである．このことは，先述した第一原理計算手法と機械学習などのデータ科学手法が取り入れられることで，状態図や熱力学がさらに見通しがよくなり，いまだ隠れている状態図の法則が見つかる可能性があることを示唆している．以前，「状態図集を眺めて面白いと思えるぐらいまで理解を深めてほしい」とどこかで書いたことがあるが，なぜ状態図を見て面白いと思うのか，なぜ状態図はその形をしているのかデータ科学はその原因を解き明かしてくれるかもしれない．そして，それら状態図に関する新しい知見は，新しい材料の開発につながってゆくはずである．本書がそのための CALPHAD に関する基礎的知見を与える役目を果たせればと思っている．

この増補新版では，新たに 2.15 節として，CALPHAD 法における純元素中の単原子空孔，複空孔の取り扱い，磁気転移の影響を取り上げた．また，誤字脱字や引用ミスの修正を行った．ウェブサイトやソフトウェアのアップデートなどの情報も更新した．当時はまだ小さいデータベースであった NIMS 熱力学データベースは，現在では計算状態図データベース（CPDDB）として約 500 の合金系を網羅するまでになった．この CPDDB には 2.15 節で取り上げた熱空孔のデータも収録しているので，興味のある方は試してほしい．この増補新版における修正は，NIMS の橋本清氏に協力いただいた．ここに感謝したい．

2019 年 7 月

阿部 太一

目　　次

材料学シリーズ刊行にあたって
「材料設計計算工学」によせて

材料設計計算工学　序文 ……………………………………………………… iii

計算熱力学編　序文 ……………………………………………………………… v

計算熱力学編　増補新版　序文 ……………………………………………… vii

第 1 章　熱力学基礎 ……………………………………………………………… 1

1.1　CALPHAD 法　*1*

1.2　熱力学基礎　*7*

1.3　相平衡　*25*

1.4　まとめ　*29*

第 2 章　熱力学モデル ………………………………………………………… 31

2.1　純物質のギブスエネルギー　*31*

2.2　ギブスエネルギーの圧力依存性　*34*

2.3　磁気過剰ギブスエネルギー　*35*

2.4　ガス相のギブスエネルギー　*41*

2.5　溶体相のギブスエネルギー　*43*

2.6　ラティススタビリティ　*51*

2.7　副格子モデル　*53*

2.8　化学量論化合物のギブスエネルギー　*54*

2.9　副格子への分け方　*55*

2.10　不定比化合物のギブスエネルギー　*59*

x 目　次

2.11　平衡副格子濃度　*63*

2.12　規則-不規則変態をする化合物のギブスエネルギー　*64*

2.13　短範囲規則度　*76*

2.14　液相中の短範囲規則度　*84*

2.15　純元素中の空孔　*87*

2.16　まとめ　*102*

第3章　計算状態図 ……………………………………………105

3.1　ギブスエネルギーと状態図の関係　*105*

3.2　三元系状態図　*131*

3.3　状態図の相境界のルール　*138*

3.4　実際の計算状態図　*147*

3.5　アモルファス相の取り扱い　*153*

3.6　まとめ　*160*

第4章　熱力学アセスメント …………………………………163

4.1　実験データ　*163*

4.2　第一原理計算　*164*

4.3　熱力学アセスメントの手続き　*168*

4.4　熱力学アセスメント例（Ir-Pt二元系状態図）　*173*

4.5　熱力学アセスメントのキーポイント　*176*

4.6　まとめ　*177*

付録A1　レシプロカルパラメーターのR-K級数形 …………………………*179*

付録A2　溶体相のギブスエネルギーと対結合エネルギー ………………*180*

付録A3　規則相（B2）と不規則相（A2）間のパラメーター関係式 …………*181*

付録A4　スプリットコンパウンドエナジーモデルにおける純物質項

　　　　　（$^0G_{A:A}^{B2}, ^0G_{B:B}^{B2}$）の与え方 ……………………………*182*

付録A5　ギブスエネルギーにおける短範囲規則化の影響 ………………*183*

付録A6　準正則溶体における溶解度ギャップ ………………………………*186*

目　　次　　　　　xi

付録 A7　直交座標系と三角図の関係 ………………………………………… *189*

付録 A8　元素 A と B の安定結晶構造が異なる場合の二元系状態図 ……… *190*

付録 A9　シュライネマーカース則に関する補足 ……………………………… *194*

付録 A10　純物質のギブスエネルギーの記述 ………………………………… *196*

参考文献 ……………………………………………………………………………… *199*

索　　引 ……………………………………………………………………………… *203*

欧字先頭語索引 …………………………………………………………………… *207*

計算熱力学編

第 1 章

熱力学基礎

CALPHAD（CALculation of PHAse Diagrams，カルファド）法は，主に合金の状態図を計算で求めようという試みが出発点であったが，現在は状態図や相平衡の計算に留まらず，実用合金などの多元系合金における種々の熱力学量の推定に大きな力を発揮している．そのため，現在では計算熱力学（Computational thermodynamics）と呼ばれ，より広範な学問領域として認識されるようになっている．

本章では，CALPHAD 法（計算で状態図を求めようとする試み）がこれまでにどのような経緯で発展してきたのか，そしてその現状について概観した後，これから本書を読み進めるための基礎となる熱力学の解説を行う．

1.1　CALPHAD 法

状態図の研究の歴史は古く，1936 年に出版されたハンセンの状態図集にはすでに，828 の二元系状態図が集録されている．現在の最新の状態図集としては，マサルスキー編纂の二元系状態図集があり，約 3000 の二元系が網羅されている．安定元素数を約 80 種とすると，その組み合わせからなる二元系状態図は 3160 組になるが，現在ではそれらの多くがある程度わかっているといってもいいだろう（巻末の参考文献を参照）．しかし，実用合金のような多元系（～10 元系）となるとその組み合わせは膨大なものとなり，さらに温度や圧力などの実験条件の制約もあるため，実験のみで状態図を求めるのには多大な労力が必要となる．すなわち，実験のみに頼った多元系状態図の構築は不可能であるといってもよいだろう．

この困難さを乗り越えるため，コンピューターにより状態図を計算する試み

1

(CALPHAD法）がなされるようになってきた．このCALPHAD法とは，熱力学モデルを立てて各相のギブスエネルギーを記述し，既知の種々の実験データを熱力学的に解析し，コンピューターを援用して各相のギブスエネルギーの記述に必要な熱力学モデルのパラメーターを決定することで状態図を計算しようとする一連の手法であり，コンピューターの発展に伴って1970年代中頃から広く行われるようになった．

CALPHAD法の特徴としては，厳密な物理モデルを用いるのではなく，**図1.1**に示すように，モデルの物理的整合性と合わせて，その汎用性や実用合金（多元系）への拡張性とのバランスを考慮する点にある．後述するように，CALPHAD法の有用性が広く認められた結果，多くの熱力学計算ソフトウェアが開発され，種々の熱力学データベースの構築が積極的に進められており，材料設計，組織形成シミュレーションなどに広く用いられている（[計算組織学編] 6章参照）．現在では，多くの熱力学計算ソフトウェアが市販され，専門家でないと難しかった熱力学計算もユーザーインターフェイスの充実により簡便になり，さらにソフトウェアの多機能化や熱力学データベースが整備されるに伴って，状態図や相平衡の計算，相変態および析出挙動の熱力学的検討などの広い領域で応用されるようになってきている．しかし，計算結果の理解やその解析方法など，実際に適用するためには，依然として気を付けなければならない点も多い．

先にCALPHAD法の始まりは1970年代中頃からと書いたが，状態図を計算で求めようという試みは古く，1908年のVan Laarにまで遡る．しかしその

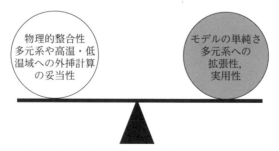

図1.1 CALPHAD法の特徴．物理的整合性と合わせて熱力学モデルの拡張性・実用性も重要視している[D8]．

後，現在のように状態図計算が広く行われるようになるまでには汎用計算機の発達と普及が不可欠であった．西沢による解説[1]には，その初期にはそろばんと計算尺を用いて計算を行っていたと述べられており，一つの状態図を求めるための計算がどれだけ大変な作業であったのか想像に難くない．しかし，その後，70年代後半からのパーソナルコンピューターの開発・普及，その後のウィンドウズなどの基本ソフトウェアの整備に伴って計算状態図の研究は加速度的に広がっていった．1991年には，市販の熱力学計算ソフトウェアの先駆けとしてスウェーデン王立工科大学のグループ（M. Hillert，B. Sundman ら）により開発された Thermo-Calc が公開される．Thermo-Calc はそれ以来，熱力学計算ソフトウェアとして広く用いられている．

表1.1 に現在までに公開されている熱力学計算ソフトウェアを示す．これらは1990年代からそのリリースが始まり，現在では多くの熱力学計算ソフトウェアが利用できることがわかるだろう．各ソフトウェアで使用できる熱力学モデルはほぼ共通しているが，例外としては，四面体クラスターなどより大きなクラスターを使って配置のエントロピーを記述するクラスター・サイト近似は PANDAT（Ver. 8.1以降で可能だが，まだ試用版である）のみ，溶体中の短範囲規則化の効果を取り入れた擬化学モデルは FactSage のみで取り入れられている．また，熱力学アセスメント（実験値などを基に熱力学モデルのパラメーターを最適化する作業）が可能なモジュールを備えているソフトウェアとしては，Thermo-Calc（Parrot モジュール），PANDAT（Pan-Optimizer），FactSage（Opti-Sage），Lukas Program（BINGSS）がある．

これら熱力学計算ソフトウェアにおける近年の大きな変化としては，2000年の PANDAT から取り入れられた大域極小化（Global minimization）があげられる（Thermo-Calc では2006年に発表された Ver. R から，CaTCalc は Ver. 1から導入されている）．

大域極小化は，与えられた条件下でギブスエネルギーが最も低い状態を探索する手法の一般名称である．その導入以前は，計算結果が安定系の相平衡だけではなく準安定平衡を含んでいる場合が多く，計算結果として得られる状態図では安定系と準安定系の相平衡が重複していたり，うまく計算結果が得られたように見えても，それを正しく理解するには，状態図または熱力学に関するあ

4   第 1 章　熱力学基礎

表 1.1　代表的な状態図・熱力学計算ソフトウェア一覧[D8].

プログラム	開発元	最新バージョン 2019.7.1	TDBファイル**	概要	ウェブサイト
CaTCalc	AIST	SE，XE	○	種々の状態図計算ができる．特に酸化物系状態図の計算に有効．擬化学モデルを取り扱える．デモ版を入手可能．	[2]
MatCalc	Vienna Univ.	Ver. 6.02	○	平衡計算，一次元拡散律速相変態計算ができる．デモ版を入手可能．	[3]
Thermosuite	Thermodata	---	×	状態図計算，熱力学計算が可能．デモ版を入手可能．	[4]
FactSage*	Thermfact/GTT	Ver. 7.3	△	状態図計算だけではなく幅広い熱力学計算が可能．化学反応など化学熱力学計算に有効．無償の Education 版あり．	[5,6]
PANDAT*	CompuTherm	Ver. 2019	○	GM が取り入れられている．熱力学量の計算もできるが，状態図の計算が得意．デモ版を入手可能．	[2,7]
DICTRA*	Thermo-Calc Software	2019a	○	拡散律速相変態計算ソフトウェア，Thermo-Calc のモジュールの一つ．	[8]
Malt2	Malt グループ	現 Malt for Win	×	ポテンシャルダイアグラム，化学反応計算が可能，多くの化合物データが集録されている．	[9]
Thermo-Calc*	Thermo-Calc Software	2019a	○	幅広い条件設定ができ種々の熱力学量の計算が可能．デモ版を入手可能．	[8]
F*A*C*T	Montreal/McGill Univ.	統合 (FactSage)	×	ChemSage と統合され，現在は FactSage．	[6]
ALLOYDATA	NPL	現 MTDATA	×	状態図計算，熱力学計算が可能．デモ版を入手可能．	[10]
Lukas Program*	H. L. Lukas	---	×	熱力学モデルのパラメーターを最適化するためのソフトウェア．ウェブサイトより入手可能．	[11]
ChemSage/Solgasmix*	G. Eriksson	統合 (FactSage)	×	F*A*C*T と統合され，現在は FactSage．	[5]

* 　オプティマイザーあり．　** 　TDB ファイルの使用可否（FactSage はファイル変換プログラムが別途必要）．

注）　TDB（Thermodynamic DataBase）は，熱力学データベースファイルの拡張子で，最も一般的な熱力学データベースの記述形式である．当初は Thermo-Calc 用の熱力学データベース形式を指すものであったが，後発のソフトウェアでも TDB 形式と互換があるものが多い（3.4 節参照）．

る程度の知識が要求されていた．しかし，最安定平衡の探索機能が大きく改善されたことで，多元系状態図の計算がより簡便に行えるようになってきた．ただし大域極小化が取り入れられているソフトウェアでも，最安定平衡の探索を"従来よりも詳細に"行っているだけであり，常に最安定平衡のみを計算結果として与えている保証はない．したがって，大域極小化が取り入れられているからといっても計算結果の過信は禁物である．

　また大域極小化導入のデメリットとして，ギブスエネルギーの低い状態をより詳細に探索しているため，一般に従来よりも計算時間がかかる点があげられる（特に溶解度ギャップを含む合金系に顕著である）．ここで強調しておきたいのは，近年のソフトウェアの改良・多機能化によって，ソフトウェア間の差よりも，データベースの精度・信頼性がより重要になってきている点である．すなわち，どのソフトウェアを使って計算したのかという点よりも，どのギブスエネルギー関数（熱力学データベース）を用いて計算したのかが重要であり，計算結果を用いる場合には計算に使用したソフトウェア名だけではなく，データベース名（またはパラメーターの出典）も併せて明示する必要がある．

　表 **1.2** に代表的な市販熱力学データベースを示す．このように現在利用可能な熱力学データベースには多くの種類があり，対象合金系が重複しているものもある．重要な合金系（例えば Ni 基超合金のベースとなる Al-Ni 系）では，複数の熱力学アセスメントがなされており，それぞれに特徴を持っている．これらデータベースは大きく分けて，SSOL データベースなど広く種々の二元，三元合金系のパラメーターを含むものと，Fe 基合金や Ni 基合金など，特定の合金系に特化したデータベース，はんだ合金や原子力用材料など，用途に特化したデータベースに分けられる．

　これらデータベースを用いるときの注意点としては，その適用可能範囲である．通常，全ての領域（組成，温度，圧力範囲）の計算結果が保証されているわけではなく，データベースの推奨使用領域の確認が必要である（通常，各データベースの開発元から情報が提供されている）．また，これらデータベースのファイル形式には二種類あり，テキストエディターで開くことができるもの（拡張子が TDB のファイル）と，開けないもの（例えば拡張子が TDC のファイル）がある．TDB ファイルの場合には，どのようなパラメーター値が

6　　　　　　　　　　　第 1 章　熱力学基礎

表 1.2　市販の熱力学データベースの一例[D8].

	データベース	略称	開発元	概要
1	純物質データベース	SGTE Pure	SGTE	ウェブページを通じて無償で公開されている. 1991 年の参考文献 [B5] が出典であるが, 順次アップデートされており現在は Ver. 5.0.
2	化合物データベース	SSUB6	SGTE	現在 Ver. 4.1 では 5000 種以上の化合物のギブスエネルギー関数が集録されている. SSOL と合わせて状態図や反応計算が可能.
3	溶体データベース	SSOL6	SGTE	現在 Ver. 4.9 では 78 種の元素, 716 種の相を集録, 基本的な熱力学データベースの一つ.
4	Fe 基合金データベース	TCFE9	Thermo-Calc Software	Fe 基合金用のデータベース. 最初のリリースより精力的に構築が進められており, 現在は Ver. 9 で 28 元素, 96 種の相が集録されている.
5	Ni 基合金データベース	TTNI8	ThermoTech	Ni 基合金用のデータベース. 多くが未発表データであるが, TDB 形式でデータベースの中身を見ることができる.
6	はんだ合金データベース	ADAMIS	東北大	はんだ合金用のデータベース. Pb, Sn, Ag, Bi, Cu, In, Sb, Zn の 8 元素のデータを集録. 鉛フリーの組成域もカバーしている.
7	Cu 合金データベース	MDTCu	東北大	Cu 基合金用データベース. コルソン銅など二元系, 三元系合わせて約 60 種の合金系をカバーしている.
8	Fe 合金データベース	PanFe	CompuTherm	Fe 基合金データベース. 27 元素をカバーしている.
9	Ni 合金データベース	PanNi	CompuTherm	Ni 基合金データベース. 27 元素をカバーしている.
10	化合物データベース	FACT53	Thermfact/GTT	4500 種以上の化合物データを集録, 精力的にアップデートが進められている.
11	酸化物データベース	Ftoxid	Thermfact/GTT	酸化物系のデータベース. 溶融スラグやガラス系の計算に適用できる.

SGTE：Scientific Group Thermodata Europe, 2〜5 は Thermo-Calc 用, 6〜9 は PANDAT 用, 10, 11 は FactSage 用データベースの一例.

データベース中に収録されているかを確認できるが，一方で TDC ファイルは確認できない．そのため，実験結果と整合する計算結果が得られなかった場合，その原因が実験手法や実験精度にあるのか，計算に使ったデータベースにあるのか判断できない．それらデータベースについてもパラメーターの公開が望まれるが，現在市販されているほとんどのデータベースが TDC ファイルのようにブラックボックス化されており，今後もこの傾向は続くものと思われる．この問題点を解決するため，論文発表されている二元系合金のパラメーターを中心に TDB ファイルを順次公開するなどの取り組みも行われている（Computational phase diagram database：https://cpddb.nims.go.jp/[12]）．この TDB ファイルは，表 1.1 にも示したように，Thermo-Calc だけではなく，PANDAT，CaTCalc など多くの熱力学計算ソフトウェアで共通しているファイル形式である（互換性のないコマンドもいくつかあるのでそれらは確認が必要）．

表 1.1，1.2 には各熱力学計算ソフトウェア，熱力学データベースの概略も述べてあるが，順次アップデートが進められているため，最新情報については，開発元や販売元のウェブサイト[2-11]を参照していただきたい．また，CALPHAD 法の歴史については参考文献[13]に詳しい．

1.2　熱力学基礎

1.2.1　熱力学の枠組み

ある構造物を作るとき，それを構成する材料にはどのような特性が求められるであろうか．それは，例えば重さに耐える強度であり，環境に耐える耐食性であり，高温度に耐える耐熱性などであろう．これらの材料の特性は，それを構成している原子や分子の性質に大きく依存しているが，原子や分子の集合体としての材料の特性は，原子・分子というミクロな点からだけでは理解することはできない．すなわち，材料強度などのマクロな特性を検討するには，個々の原子や分子の振る舞いだけではなく，原子の集合体としての材料のマクロな振る舞いを考察することが必要となる．

例えば，ある合金の加熱過程を考えよう．坩堝に入れた合金を電気炉で加熱する．加熱に伴って合金は徐々に融け始め，最後には全て液体となる．このよ

うな人の目で観察される連続的でなだらかなマクロな変化は，ミクロの世界で生じている変化の平均を観察しているともいえる．もし材料を構成する各原子を見ることができれば，この融解のミクロな過程として，原子の振動や拡散が激しくなり，溶質が濃化した部分や粒界から徐々に融解が始まり，表面では気化や酸化などの化学反応が生じ，場合によっては加熱中に固相変態や融解後に液相の相分離が生じていることが観察できるだろう．そして，融解というマクロな現象は，熱エネルギーの導入に伴って材料の中で進行するこれらの変化の総合的な結果として観察されているのだということがわかるだろう．このような材料のマクロな物性の予測・解析を行うために必要となるのは，マクロな物質の変化を記述する理論であり，マクロな現象を理解するために必要となる原子や分子のミクロな描像である．それぞれ，前者を主に熱力学，後者を主に統計力学が担っており，本章ではマクロな材料特性を考察するために必要となる熱力学理論の基礎的な事柄について概括する（統計力学には立ち入らない）．

　ここで熱力学と書いたが，それはさらに平衡状態にある系に関する熱力学（平衡熱力学）と非平衡状態にある系に関する熱力学（非平衡熱力学）に分けられる．材料の変形や熱処理プロセスなどの例をあげるまでもなく，実際の現象は非平衡系で満たされており，平衡系だけの取り扱いでは限界があることは明らかである．この点に大きな力を発揮するのが，本書の姉妹編［計算組織学編］で取り上げるフェーズフィールド法に代表される動的シミュレーション手法である．

　本書では平衡系における熱力学を中心に述べ，非平衡系の取り扱いについては［計算組織学編］で詳しく取り上げることにする．

1.2.2　平衡状態と状態変数

　まず熱力学を組み立ててゆく第一歩として「系」を定義しよう．ここでいう「系」とは，色々な変数を変化させたときに，それが及ぼす影響を考察するために切り取られた「世界」である．この「系」は周囲を壁によって囲まれており，その壁の特徴によって孤立系（周囲とエネルギーおよび物質のやり取りがない），閉鎖系（周囲とエネルギーのやり取りのみがある），開放系（周囲とエネルギーおよび物質のやり取りがある）に分けられる．ここで定義する系はマ

1.2 熱力学基礎

クロ系であり，その一部分を「部分系」と呼び，この部分系もまたマクロ系である．

　次に，平衡系の熱力学を取り扱うためには，系の平衡状態を定義しなければならない．ある系に変化を与え，その後，その系を孤立させて十分に長い時間静的に保つと，その系はマクロに見て何も変化していない状態にいたる．例えば，水の入ったコップに氷を入れると，やがて氷は融けて水の温度は下がり，ある一定温度に到達する．このように，我々の周りで日常的に観察されている現象である．そして，その状態においては，その到達経路によらない，時間に依存しない，一意に決まる種々の変数を得ることができ，そのような特別な状態を平衡状態と定義する．そして，系が平衡状態にあるとき，その平衡状態に対して一意に決めることができる変数を状態変数（State variables）または状態関数と呼ぶ．ある孤立系が平衡状態にあるとき，この孤立系内の任意の形状の互いに接している二つの部分系もまた同じ平衡状態にある．これはすなわち，二つの部分系が同じ状態変数の値を持ち，平衡していることを意味しており，熱力学第0法則として知られている．

　系の状態を決める状態変数としては，例えば，圧力 P，体積 V，温度 T，エントロピー S，内部エネルギー U，エンタルピー H，ヘルムホルツエネルギー F，ギブスエネルギー G，ケミカルポテンシャル μ，系に含まれる原子の個数 N などがあり，これらは，その特性によって次の二つに分類される．

　一つは示量変数（Extensive variable）であり，例えば系に含まれる成分の量など，その値が系の大きさに比例する量である．この場合，系の持つ値は，系の各部の値を系全体について積分した値と等しくなる（加法性）．もう一つは，示強変数（Intensive variable）で，系の大きさに依存しない変数であり，温度や圧力がそれである．示強変数は，平衡状態にある系においては，全ての点で同じ値を持っている．これらの状態変数を用いて，系の平衡状態は f （$=C-p+2$）次元の図上の一点として表すことができる（ギブスの相律と呼ばれる．1.3.1項参照）．ここで f は自由度，C は定義した系に含まれる成分の数，p は相の数であり，純物質（単相一成分系，すなわち $p=1, C=1$）であれば $f=2$ である．

　この場合，二つの独立変数を決めれば，その系の状態が規定できることを意

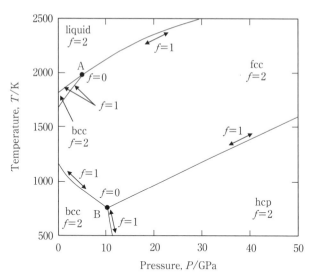

図 1.2 純 Fe の温度-圧力状態図（計算には Thermo-Calc, TCFE データベース Ver. 3 を用いた）[C13].

味している．この独立変数の組は色々考えられるが，一例として**図 1.2** に温度と圧力を独立変数とした純 Fe の例を示す．この図は状態変数を与えたときのその系を構成する相（数と種類）の変化を表していることから状態図または相図（Phase diagram）と呼ばれている．図中の A 点 B 点では，それぞれ liquid＋bcc＋fcc，fcc＋bcc＋hcp の三相が共存しており（$p=3$），$f=0$（点，三重点と呼ぶ）である．曲線上では，曲線を挟む二相が平衡しており（$p=2$），$f=1$（線，相境界）となる．曲線と曲線の間の領域は，単相領域（$p=1$）で，$f=2$（面，相領域）となる．状態図と相律に関しては改めて，より詳しく後章で取り上げることにする．そして，系の状態を決める f 個の独立変数に対して開かれた系が開放系であり，したがって開放系ではそれら変数の値を外部から制御することができ，これら変数を外部変数（External variable）と呼ぶ．一方で f 個の独立変数の全て，またはそのいくつかを変化させてから，系が平衡状態に達するまでの間の途中の状態を記述するためには，さらなる変数が必要となる．それらは，外部変数の値の下で系が平衡に近づくにつれて，その系の内部で生じるプロセスによって変化する変数であることから

内部変数（Internal variable）と呼ぶ.

　例えば，[計算組織学編] 6章で取りあげる相分離シミュレーションのように，高温の単相域（α相）から低温の二相域（$α_1$相 ＋$α_2$相）へ急冷すると，急冷直後の単相組織が徐々に二相へと分離してゆく（これは外部変数である温度を変化させたときの内部変数（相の割合や規則度）が変化してゆくことに相当する）.

1.2.3　熱力学法則

　ここでは，一定量の単相単一成分からなる閉鎖系（周囲と物質のやり取りはないがエネルギーのやり取りがある系）を考えて，熱力学第一法則と第二法則について説明する.

　それぞれ第一法則で内部エネルギー，第二法則でエントロピーという状態変数が導入されることになる. まず，ここで考えている閉鎖系が持つエネルギーを U とする. この系に外部から熱量 Q が流入し，この系に外部から仕事 W がなされた場合，系のエネルギーはそれらの和（$Q+W$）だけ初期状態よりも増加していなければならない.

　したがって熱力学第一法則（エネルギー保存則）は次のように定式化できる. ここでは，その系に外部から加えられた仕事を正，その系が外部になした仕事を負に取っている. 熱量についても外部から系に流入した場合を正，系から外部に流出した場合を負に取っている.

$$\Delta U = Q + W \tag{1-1}$$

ここで，Q と W は，系の周囲と相互作用を定義するものであり，平衡状態において一意に決めることができないため，これらは状態変数ではない. また，系が初期の平衡状態（U）から別の平衡状態（$U+\Delta U$）へ移る経路を L とし，その経路に沿った微小変化 dL を考えると，微分形として次式が得られる. 右辺の Q と W は状態変数ではなく経路に依存することから，この場合には不完全微分となるので微分記号 d' を用いる.

$$dU = d'Q + d'W \tag{1-2}$$

　熱力学第一法則は，系の持つエネルギーの変化を規定しているものであり，その絶対値を定義するものではない. したがってエネルギーの基準を決めてお

く必要があるが，それは3章で述べることにする．

　ここで，この系に静水圧 $P(>0)$ を加え，このときの圧力により準静的 (Quasi-staic) になされた仕事を考えよう．準静的とは，系の変化が十分に遅く，その過程で系が常に平衡状態を保っていると見なせる変化過程のことである．このときの仕事は，式(1-3)で表される．

$$d'W = -PdV \tag{1-3}$$

ここで，dV は圧力の変化に伴う体積変化である．例えば理想気体の場合，等圧過程（$P=$ 一定）や等温過程（$PV=$ 一定）でのように，P の変化は経路に依存しているため，外部へなされる仕事は不完全微分（d'）となる．式(1-2)と(1-3)から，系のエネルギー変化は次式で与えられる．

$$dU = d'Q - PdV \tag{1-4}$$

ここで，式(1-5)で定義されるエンタルピー H を導入し，等圧過程との関係を調べておこう．

$$H = U + PV \tag{1-5}$$

式(1-5)を全微分し，式(1-4)と等圧過程に対しては $dP=0$ であることを考慮すると次式を得る．

$$dH = d'Q \tag{1-6}$$

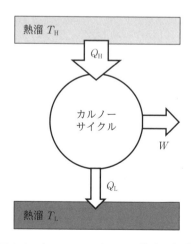

図 1.3　カルノーサイクルの模式図[D4]．

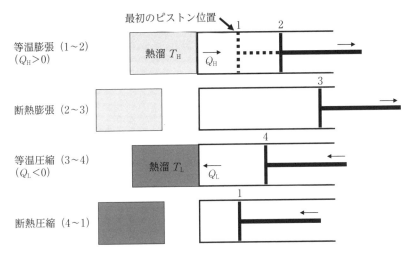

図 1.4 カルノーサイクルの各過程におけるピストンの動き．数字は図1.5と対応している[D4]．

したがって，等圧下におけるエンタルピー変化は，準静的過程によりその系へ出入りした熱量に等しいことになる．例えば，示差熱分析（Differential thermal analysis）は等圧条件で行われることが多く，その場合に測定されるのは系のエンタルピー変化となる．一方で定積変化（$dV=0$）に対しては，式(1-4)より，$dU=d'Q$となり，その系へ出入りした熱量は，系の内部エネルギー変化と一致する．これは密閉した剛体試料容器を用いる熱圧力分析（Thermo-piezic analysis）に対応する．

次にエントロピー S を導入するにあたって，**図 1.3** に示すカルノーサイクルを取り上げよう．カルノーサイクルは高温と低温の熱溜の間で働き，熱から仕事を生成する機関である．

カルノーサイクル（Carnot cycle）では，**図 1.4** に示したようなある気体（通常は理想気体）で満たされているピストンと四つの過程を考える．ここで，ピストンとピストンシリンダーを外部から断熱して，ピストンにより圧力を変化させ，準静的に気体を膨張・圧縮する過程を考えると，それらは可逆的な断熱圧縮過程と断熱膨張過程となる．また，ピストンシリンダーは断熱されておらず，一定温度の外部と平衡状態を保ちながら準静的に膨張・圧縮する過程を

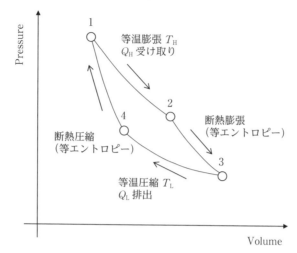

図 1.5 カルノーサイクルの各過程における圧力と体積変化．この周積分がこの熱機関が1回動いたときに外部へした仕事 W になる[D4]．

考えると，可逆的な等温圧縮過程と等温膨張過程となる．

次に，これら四つのプロセスを二つの異なる温度を持つ熱溜の間を循環させる，循環過程を考える．ここに含まれている四つのプロセスは全て可逆過程 (Reversible process) であり，この循環過程全体も可逆過程である．したがって1循環 (サイクル) 後，ピストンシリンダー内の気体は再び元の状態に戻ることができる理想的なプロセスである．

この各プロセスの進行に伴う圧力と体積の変化を**図 1.5** に示す．この四つの可逆過程からなるサイクルが1回働くと，高温の熱溜から熱量 $Q_H(>0)$ を奪い，その一部を仕事 $-W(>0)$ に変換し，その残りの熱量 $-Q_L(>0)$ を低温の熱溜に排出する．すなわち，仕事に変わった熱量はエネルギー保存則 ($W+Q=0$) より $-W=Q=Q_H+Q_L$ となる．このときの，系のエネルギー変化は，全過程では $Q+W=\Delta U=0$ になる（同じ初期状態へ戻っているため状態変数の周積分は0になる）．このサイクルが1回働いたときの全仕事は $\int PdV$ で与えられる（図 1.5 の曲線で囲まれた面積に相当する）．

このときの熱から仕事への変換効率 η_{Carnot} は，高温の熱溜から受け取った熱

量と系がなした全仕事の比として，式(1-7)で定義される．

$$\eta_{\mathrm{Carnot}} = \frac{-W}{Q_{\mathrm{H}}} = \frac{Q_{\mathrm{H}} + Q_{\mathrm{L}}}{Q_{\mathrm{H}}} = 1 + \frac{Q_{\mathrm{L}}}{Q_{\mathrm{H}}} < 1 \qquad (1\text{-}7)$$

Q_{L} は負であるため，式(1-7)で与えられる変換効率は常に1以下になる．ここで理想気体を作業物質として選ぶと，式(1-7)はそれぞれの熱溜の温度のみの関数となり式(1-8)が得られる（右辺はカルノー因子と呼ばれている）．

$$\eta_{\mathrm{Carnot}} = 1 - \frac{T_{\mathrm{L}}}{T_{\mathrm{H}}} \qquad (1\text{-}8)$$

ここで，T_{L} と T_{H} は低温の熱溜と高温の熱溜の絶対温度である．

さて，以上よりカルノーサイクルよりも熱変換効率の高い循環過程を仮定し，カルノーサイクルから得られた仕事でその機関を同じ熱溜に対してカルノーサイクルとは逆向きに働かせると，高温の熱溜から吸収した Q_{H} 以上の熱量を低温の熱溜から汲み上げることができることになる．ここでそれぞれのサイクルの熱効率を考えてみよう．同一の熱源を用いた熱機関ではカルノーサイクルよりも効率がよい熱機関のないことが導かれる．すなわち，同じ熱源に対してカルノーサイクルの効率 η_{Carnot} よりも高い動作効率 $\eta_{\mathrm{Carnot}}^{\mathrm{super}}$ のサイクル A を考えると，

$$\eta_{\mathrm{Carnot}} = \frac{-W}{Q_{\mathrm{H}}} < \eta_{\mathrm{Carnot}}^{\mathrm{super}} = \frac{-W'}{Q'_{\mathrm{H}}} \qquad (1\text{-}9)$$

ここで，「′」はサイクル A を示している．$-W = -W'$ より $Q'_{\mathrm{H}} - Q_{\mathrm{H}} = -(Q'_{\mathrm{L}} - Q_{\mathrm{L}})$ であり，低温の熱溜から奪った熱量は高温の熱溜へ運んだ熱量に等しい（熱力学第一法則）．$W > 0, Q_{\mathrm{H}} > 0, Q'_{\mathrm{H}} > 0$ に注意すると，式(1-9)より，

$$Q'_{\mathrm{H}} - Q_{\mathrm{H}} > 0 \qquad (1\text{-}10)$$

式(1-10)は外部の仕事なしに，$Q'_{\mathrm{H}} - Q_{\mathrm{H}} > 0$ の熱量を低温の熱溜から高温の熱溜へ汲み上げたことになり，後で述べる熱力学第二法則に反する．このことから，カルノーサイクルを用いて熱を仕事へ変換する場合の効率は，理論最大熱効率 η_{max} ($= \eta_{\mathrm{Carnot}}$) と呼ばれる．可逆循環過程はあくまでも仮想的な熱機関であり，例えば，等温圧縮過程と等温膨張過程における熱の移動は，系と熱溜の間に温度差がない限り生じないが，完全な可逆的な熱のやり取りのためには等温度でなければならない．したがって，可逆過程を達成するためには，温度差

16　　　　　　　　　　第1章　熱力学基礎

を無限に小さくする必要があり，これらのプロセスの進行には無限の時間がか
かってしまうことになる．

　また，カルノーサイクル（可逆過程）の熱変換効率が最大ということはすな
わち，その他の循環過程（不可逆過程を含む）の熱変換効率 η は，η_{max}（式
(1-8)）よりも小さくなることを意味している．したがって，$\eta < \eta_{max}$ から不
可逆過程（不等号）を含んだ一般的な熱サイクルに対して次式で表されるクラ
ウジウスの不等式を得ることができる．

$$\frac{Q_H}{T_H} + \frac{Q_L}{T_L} = \oint \frac{d'Q}{T} < 0 \qquad (1-11)$$

ただし，$\eta = (Q_H + Q_L)/Q_H$ で与えられることと，$\eta \le \eta_{max}$ を用いた．可逆過程
（$\eta = \eta_{max}$）に対しては等号が成り立つ．図1.5の場合，ここで周積分 $\oint d'Q/T$
は1サイクル（$1 \Rightarrow 2 \Rightarrow 3 \Rightarrow 4 \Rightarrow 1$）を意味している．経路 $2 \Rightarrow 3$ と $4 \Rightarrow 1$ で
は $d'Q = 0$ であるから，式(1-11)の等号で結ばれた両辺は理解できる．図1.5
を含め，可逆熱機関の場合（$\eta = \eta_{max}$），$d'Q/T$ という量がその系の変化経路に
よらず保存されていることを意味しており，ある平衡状態に対して一意に決ま
る状態量であることがわかる．この新たな状態量をエントロピー S と呼び，
式(1-12)で定義する．

$$dS = \frac{dQ_{rev}}{T} \qquad (1-12)$$

ここで，Q_{rev} は可逆過程により出入りする熱量を表している．より一般的に
は，系が平衡状態 A から平衡状態 B に変化したときのエントロピー変化は式
(1-13)となる．

$$S_B - S_A = \int_A^B \frac{dQ_{rev}}{T} \qquad (1-13)$$

一方で，不可逆過程に対して式(1-11)は不等号になる．平衡状態 A から平衡
状態 B へ不可逆変化し平衡状態 B から平衡状態 A へ戻る可逆変化からなるサ
イクル（全体としては不可逆サイクル）を考えると，クラウジウスの不等式か
ら，

$$\oint \frac{dQ}{T} = \int_A^B \frac{dQ}{T} + \int_B^A \frac{dQ_{rev}}{T} < 0 \qquad (1-14)$$

式(1-13)を代入すると次式が得られる.

$$S_B - S_A > \int_A^B \frac{dQ}{T} \tag{1-15}$$

右辺の熱のやり取りに伴うエントロピー変化よりも，左辺の二つの異なる平衡状態におけるエントロピー差の方が大きくなることがわかる．式(1-15)の右辺と左辺の差を内部生成エントロピーと呼び，改めてS_{int}で表し，不可逆過程では常に正の値を持つ.

$$S_{int} = (S_B - S_A) - \int_A^B \frac{dQ}{T} > 0 \tag{1-16}$$

式(1-16)は不可逆過程の進行においては，常にエントロピーが増加することを表している（すなわち熱力学第二法則であるエントロピーの増大を表している）．また，上式から，自発的反応が進む方向を予測することができる．すなわち，自発的反応は常に不可逆過程であり，エントロピーが増大する方向へ進行する（その反応が可逆過程である場合，反応の優先方向はない）．このことは一方で，内部生成エントロピーが0になるまで，系の内部の自発的変化は進行することを示しており，このことから，平衡状態は系内の全ての自発的な内部過程により生成されるエントロピー変化量が0となる状態と定義することができる.

ここで取り扱ったエントロピーは，統計力学においてはボルツマンの関係式（Boltzman equation）により与えられる.

$$S = k_B \ln W \tag{1-17}$$

ここで，k_Bはボルツマン定数（$k_B = R/N_{Av}$，Rは気体定数，N_{Av}はアボガドロ数），Wはその系に与えられたエネルギーを再現できる異なった微視的状態の総数である．このボルツマンの関係式は，次章で取り上げる種々の熱力学モデルを構築するために大変重要である.

最後に熱力学第三法則に触れておこう．第三法則は，ネルンスト-プランクの定理（Nernst-Plank's theorem）とも呼ばれており，一様で有限密度を持つ物質のエントロピーは温度が0Kに近づくと共に，物質の種類によらずある一定値に近づくという実験データを基にした推論である（後に統計力学によって同じ結論がなされる）.

式(1-12)で定義されたエントロピーは，同式が全微分で定義されているため，その絶対値を定めることはできなかったが，ネルンスト-プランクの定理によってエントロピーのゼロ点（式(1-18)，$T=0\,\mathrm{K}$ においてあらゆる熱平衡状態にある物質に対して $S=0$）を定めることができ，それを基準としてエントロピーの絶対値を与えることができる．

$$\lim_{T \to 0} S = 0 \qquad\qquad (1\text{-}18)$$

また，同定理より，定圧比熱 C_P と定積比熱 C_V に関しても，$T=0\,\mathrm{K}$ の極限で 0 になることが導かれる．ここで，第三法則は不規則配置のまま凍結することができないような系にのみ適用可能であることを強調しておく．不規則配置が凍結されたガラス構造や気体の比熱はこの関係式を満たさないことが知られている．

これまでの議論では，系がやり取りする熱量 Q が含まれていたが，先にも述べたとおり Q は状態変数ではなく（変化の経路に依存する），平衡状態を決めるだけでは決定できない．したがって，式(1-4)と式(1-12)を用いて dQ を消去すると式(1-19)が得られる．

$$dU = TdS - PdV \qquad\qquad (1\text{-}19)$$

ここで，ポテンシャル（示強変数）を Y，示量変数を X として式(1-19)の右辺を一般化すると式(1-20)と表記できる．

$$dU = \sum YdX \qquad\qquad (1\text{-}20)$$

式(1-20)の左辺の状態量は，右辺に現れるポテンシャルと示量変数の組によって表され，これら変数の対を共役対（Conjugate pair）と呼ぶ．式(1-19)は閉鎖系（系と外部の物質の出入りがない）に対するものであるが，開放系（系と外部の間でエネルギーと物質のやり取りがある）に対しては，式(1-20)を用いて，移動する物質の量 dN とそれと共役な示強変数を μ とすると，物質の出入りに伴う系の内部エネルギーの変化は式(1-21)で与えられる．

$$dU = TdS - PdV + \mu dN \qquad\qquad (1\text{-}21)$$

ここで，N と共役な示強変数 μ はケミカルポテンシャルと呼ばれており，その意味は次節で取り上げる．式(1-21)の独立変数は S, V, N であることに注意しよう．系のエネルギー U を S, V, N という示量変数のみで表した方程式

$U = U(S, V, N)$ をエネルギー表示の基本方程式と呼び，これらの示量変数 S, V, N をエネルギー表示の自然な変数と呼ぶ．また，$U = U(S, V, N)$ は S について解くこともでき，この場合には $S = S(U, V, N)$ が得られる．これをエントロピー表示の基本方程式と呼び，そのときの示量変数 (U, V, N) をエントロピー表示の自然な変数と呼ぶ（このあたりの議論は本書の範囲を超えるが，参考文献[14]に詳しい）．同基本方程式からは，S, V, N でそれぞれ偏微分すると T, P, μ という共役な示強変数の組を導くことができる．

$$T = \left. \frac{\partial U(S, V, N)}{\partial S} \right|_{V,N}$$

$$P = - \left. \frac{\partial U(S, V, N)}{\partial V} \right|_{S,N}$$

$$\mu = \left. \frac{\partial U(S, V, N)}{\partial N} \right|_{S,V} \tag{1-22}$$

選ばれた変数が自然な変数の組ではない場合には，その方程式によって系の全ての熱力学的特性を記述することはできなくなってしまう．そのような方程式は，基本方程式と区別して状態方程式（理想気体の状態方程式もこの一つである）と呼ぶ．常に基本方程式を使えばいいように思うが，実用上，状態方程式にも重要な点がある．例えば，熱膨張率と等温圧縮率の測定からは，状態関数 $V(T, P)$ を求めることができ，これら二つの物性だけに着目するのであれば，基本方程式まで遡る必要はなく，状態関数 $V(T, P)$ で十分である．すなわち，状態方程式と基本方程式のどちらを選ぶかは対象とする物質の特徴と着目する物性によって最も都合がいいものを選べばよい．

1.2.4　異なる状態関数の導出

これまでの議論では内部エネルギー U に関する基本方程式 $U(S, V, N)$ を用いてきたが，ここでは，これを元にしてルジャンドル変換を用いて状態変数（1.2.2 項参照）を変換することで，その他の種々の基本法的式を導いてみよう．ルジャンドル変換とは，例えば関数 $y = f(x)$ が与えられているときに，式(1-23)で定義される関数 f を求める数学的な変換操作である．

$$p = g(q) = qx - f(x) \tag{1-23}$$

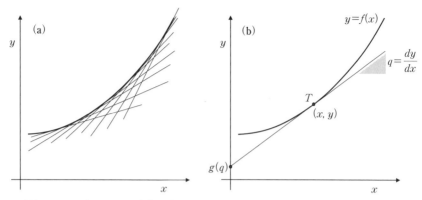

図 1.6 ルジャンドル変換の模式図[14]．（a）関数 $y=f(x)$ とその接線群，（b）$y=f(x)$ と接線 $p=g(q)$ の関係．

ここで，$q=dy/dx$．p が q だけの関数 $g(q)$ になることは，式(1-23)の微分を取ることで確かめることができる．すなわち，$dp=xdq+qdx-df(x)=xdq$．ルジャンドル変換により独立変数を x から q に変換することができる．

図 1.6 を用いてルジャンドル変換を説明しておこう（参考文献[15]参照）．与えられた関数 $y=f(x)$ を図 1.6（a）に示した．$y=f(x)$ が増加関数の場合，y と x の一対一対応がつくのと同様に，各点 x において一対一対応する接線群のあることがわかるだろう．すなわち x と $q=dy/dx$ の変数間で $f(x) \Leftrightarrow g(q)$ の対応が可能である．図 1.6（b）の点 T の座標 (x, y) が与えられれば，接線の傾き $q(=\partial y/\partial x)$ と y 切片 $-g(=qx-y)$ が決まる．g の微分を取れば $dg=xdq+qdx-df(x)=xdq$ となり g は q のみの関数となる．例えば $U(S, V, N)$ の S に関してルジャンドル変換を施すと，$x=S, f(x)=U(S, V, N)$，$q=(\partial U/\partial S)_{V,N}=T$ の関係を式(1-23)に代入して，

$$p \equiv -F(T, V, N) = TS - U \tag{1-24}$$

熱力学においてこのルジャンドル変換が有用なのは，互いに共役な示量変数と示強変数の変換（式(1-24)の場合には S と T の変換）を行うことができる点である．式(1-24)の F はヘルムホルツエネルギーと呼ばれ独立変数は (S, V, N) から (T, V, N) になる．そして，この変換の前後において方程式が持っている情報が何も失われない．すなわち，$U(S, V, N)$ をルジャンドル変換し

て得られた関数 $F(T, V, N)$ は，$U(S, V, N)$ が持っている全ての情報を保持している．

　$U(S, V, N)$ のそれぞれの示量変数を示強変数へとルジャンドル変換を施すことで，以下の熱力学量を導くことができる．ここで用いる共役対は，式(1-22)より $T \Leftrightarrow S$，$P \Leftrightarrow V$，$\mu \Leftrightarrow N$ である．また，ルジャンドル変換を受けなかった変数はそのまま独立変数として受け継がれている．

$$U(S, V, N) = TS - PV + \mu N$$
$$H(S, P, N) = U + PV$$
$$F(T, V, N) = U - TS$$
$$G(T, P, N) = U - TS + PV$$
$$\Omega(T, V, \mu) = U - TS - \mu N$$
$$Z(T, P, \mu) = U - TS + PV - \mu N = 0 \qquad (1\text{-}25)$$

これらの熱力学量はそれぞれエンタルピー H，ヘルムホルツエネルギー F，ギブスエネルギー G，グランドポテンシャル Ω，ゼロポテンシャル Z である．逆変換を行うことで，これらの状態関数から基本方程式である $U(S, V, N)$ を得ることができる．したがって，これらの状態関数もまた熱力学の基本方程式である．しかし，U からこれらの状態関数を求める変換は，U の自然な変数 (S, V, N) で U が記述されている場合にのみ可能である．また式(1-25)の全微分形式は，独立変数に注意して式(1-26)となる．

$$dU(S, V, N) = TdS - PdV + \mu dN$$
$$dH(S, P, N) = TdS + VdP + \mu dN$$
$$dF(T, V, N) = -SdT - PdV + \mu dN$$
$$dG(T, P, N) = -SdT + VdP + \mu dN$$
$$d\Omega(T, V, \mu) = -SdT - PdV + Nd\mu$$
$$dZ(T, P, \mu) = -SdT + VdP - Nd\mu = 0 \quad （式(1\text{-}32)参照） \qquad (1\text{-}26)$$

なお，これらの変数変換は，［計算組織学編］2章で取りあげる記憶図（Mnemonic diagram）によって幾何学的に理解することができるので参考にしてほしい．

　ここではルジャンドル変換を接線群との対応で説明したが，ある状態変数を変えたときに，その途中で相変態が起こる場合が多い．すなわち，関数

22   第 1 章　熱力学基礎

$y=f(x)$ が途中でその状態変数に関して不連続になる場合，またその微分不可能点が存在する場合である．これらを含めルジャンドル変換は有効であるが，その証明は参考文献[14]に譲ることにする．

　これらの他にも重要な関係式をいくつか求めておこう．内部エネルギー $U(S, V, N)$ において，その系の粒子数を変えたときのギブスエネルギーの変化を考えると，変数は示量変数であるため，任意の $\lambda>0$ に対して $U(\lambda S, \lambda V, \lambda N)=\lambda U(S, V, N)$ が成り立つ（オイラーの関係式，同次関数の特性）．同様にギブスエネルギー $G(T, P, N)$ では，T と P は示強変数であるから粒子数には依存しないので，$G(\lambda N)=\lambda G(N)$ が成り立つ．両辺を λ で微分して $\lambda=1$ と置くと，ギブスエネルギーとケミカルポテンシャルの間の関係式を得ることができる．

$$\lim_{\lambda\to1}\frac{\partial G(\lambda N)}{\partial \lambda}=\lim_{\lambda\to1}\left[\frac{\partial(\lambda N)}{\partial \lambda}\frac{\partial G(\lambda N)}{\partial(\lambda N)}\right]=\lim_{\lambda\to1}N\frac{\partial G(\lambda N)}{\partial(\lambda N)}=N\frac{\partial G(N)}{\partial N}=N\mu$$

(1-27)

ここでは多成分系であることを考慮して，異なる成分を表す添え字 i（$=1\sim n$）を加えると，

$$G(T, P, N_1, N_2, \cdots N_n)=\sum N_i\frac{\partial G(T, P, N_1, N_2, \cdots N_n)}{\partial N_i}=\sum_i N_i\mu_i \qquad (1\text{-}28)$$

　次に部分量（Partial quantity）を定義しよう．部分量とは，T, P などの示強変数を一定として成分量をわずかに変化させた（合金組成を変えた）ときの示量変数 A の変化 A_i として定義され，式(1-29)で表される．

$$A_i=\left(\frac{\partial A}{\partial N_i}\right)_{T,P,N_1,N_2,\dots N_{i-1},N_{i+1},\dots N_n} \qquad (1\text{-}29)$$

式(1-28)と式(1-29)を比較すると，ギブスエネルギー G に対しては次式が得られる．

$$G_i=\left(\frac{\partial G}{\partial N_i}\right)_{T,P,N_1,N_2,\dots N_{i-1},N_{i+1},\dots N_n}=\mu_i \qquad (1\text{-}30)$$

式(1-30)から，ケミカルポテンシャルは部分ギブスエネルギーであることがわかる．また，G をルジャンドル変換（$N\Rightarrow\mu$）し，式(1-28)に注意するとゼロポテンシャル $Z(T, P, \mu_1, \mu_2, \cdots \mu_n)=0$ を導くことができる．

$$Z(T, P, \mu_1, \mu_2, \cdots \mu_n)=G(T, P, N_1, N_2, \cdots N_n)-\sum_{i=1}^{n} N_i\mu_i=0 \qquad (1\text{-}31)$$

ここで，式(1-31)の全微分を求めると式(1-32)を得る．

$$-SdT + VdP - \sum_{i=1}^{n} N_i\, d\mu_i = 0 \qquad (1\text{-}32)$$

これは全ての示強変数（$(n+2)$個）を独立に変化させることはできないことを表しており，ギブス-デューエムの関係（Gibbs-Duhem relationship）と呼ばれている．例えば温度と圧力を自由に変える場合には全てのケミカルポテンシャルを自由に変えることはできず，同式を満足するように決まってしまう．

次に，状態変数間の関係について重要な知見を与えるものとして，マックスウェルの関係式がある．これは，ある状態関数が二階微分可能な場合（熱力学で取り扱う系では相転移点以外ではこの条件は満たされている），二階導関数は微分の順序によらないという性質を用いて状態変数間の関係を求めるものである．一般式としては，式(1-33)で表される．

$$\frac{\partial}{\partial x}\left[\frac{\partial f(x,y)}{\partial y}\right] = \frac{\partial}{\partial y}\left[\frac{\partial f(x,y)}{\partial x}\right] \qquad (1\text{-}33)$$

式(1-33)を $U(S, V, N)$ に対して用いると，式(1-34)として新たに状態変数間の関係式を得ることができる．これをマックスウェルの関係式と呼び，この例の他にも多くの有益な関係を得ることができる（[計算組織学編] 2章参照）．

$$\frac{\partial}{\partial S}\left[\frac{\partial U(S,V,N)}{\partial V}\right] = \frac{\partial}{\partial V}\left[\frac{\partial U(S,V,N)}{\partial S}\right] = -\frac{\partial P}{\partial S}\bigg|_{V,N} = \frac{\partial T}{\partial V}\bigg|_{S,N} \qquad (1\text{-}34)$$

マックスウェルの関係式は，単相であれば物質の種類によらず一般に成立することに注意しよう．

本章で説明したように，熱力学においては，多種の状態変数，基本方程式，状態方程式があり，一見複雑に見えるかもしれない．しかし，これらの関係式の実用上の利点として，温度，圧力，体積などの着目している材料特性に対して多様な実験手法・条件を可能にしている点があげられる．さらに，4章で詳述するが，そのようにして得られた多様な実験データを基本方程式の形で集約する作業が熱力学アセスメントである．

1.2.5 モ ル 量

ここで平衡状態にある系とその部分系を考えよう．示強変数はその系のどの点でも同じ値を持つが，示量変数は系の大きさ（例えば合金の総量）に依存す

るため，全体と部分系では異なってしまう．これら示量変数を P や T などの示強変数と同じように量に依存しない状態量として取り扱うためには，示量変数を単位量当たりの値として定義しておけばよい．通常，この単位量としては，モル（1 mol＝原子 6.02×10^{23} 個）が用いられることが多い．

　ここで，N mol の原子からなる系を考えよう．系全体のギブスエネルギーを G とすると，原子 1 mol 当たりのモルギブスエネルギー G_{m} は式(1-35)で与えられる（化合物の場合には原子ではなく，化合物 1 mol 当たりのモルギブスエネルギーで与える場合があり，モルの定義には注意が必要である．この点については 2 章で具体的な例と共に取り上げることにする）．

$$G_{\mathrm{m}} = \frac{G}{N} \tag{1-35}$$

また，原子 1 mol 当たりの体積 V_{m} はモル体積と呼ばれ式(1-36)で与えられる．

$$V_{\mathrm{m}} = \frac{V}{N} \tag{1-36}$$

これらのモル当たりの状態量をモル量（Moler quantity）と呼んでいる．次に複数の成分からなる系，すなわち多成分系を考えると全成分のモル数 N は各成分 i のモル数 N_i の和として，$N = \sum_i N_i$ で与えられる．また，各成分のモル分率は式(1-37)で定義される．

$$x_i = \frac{N_i}{\sum_i N_i} = \frac{N_i}{N} \tag{1-37}$$

　実験を行う上での簡便さから（合金を作るときは原料の重さを計って調合するため），式(1-38)で定義される単位重量当たりの割合である重量分率 w_i が用いられることも多い．

$$w_i = \frac{M_i}{\sum_i M_i} \tag{1-38}$$

ここで，M_i は系に含まれる成分 i の質量である．これらのモル分率，重量分率に対しては，それぞれ $\sum_i x_i = 1, \sum_i w_i = 1$ である．高分子系などでは同様に体積分率が用いられることがある．また，ギブスエネルギーとケミカルポテン

シャルの関係である式(1-28)は，モルギブスエネルギー $G_m(T, P, x_1, x_2 \cdots x_{n-1})$ を用いると式(1-39)と書き換えられる．

$$G_m(T, P, x_1, x_2 \cdots x_{n-1}) = \frac{G(T, P, N_1, N_2, \cdots N_n)}{N} = \frac{1}{N}\sum_{i=1}^{n} N_i \mu_i = \sum_{i=1}^{n} x_i \mu_i$$
(1-39)

ここで，モルギブスエネルギーに対するケミカルポテンシャルは次式で与えられる．

$$\mu_i = \frac{\partial G_m(T, P, x_1, x_2 \cdots x_{n-1})}{\partial x_i}$$
(1-40)

1.3 相 平 衡

1.3.1 ギブスの相律

定義した「系」が複数の相から構成される場合を考えてみよう．すなわち，状態図上で $p>1$ の領域であり，例えば図 1.2 の純鉄の状態図では三重点（$p=3$）と相境界（$p=2$）に相当する．ここでは，N_A モルの原子 A と N_B モルの原子 B からなる A-B 二元系合金を考え，温度と圧力が一定の下で α 相と β 相の二相平衡が達成されたとする．それらが平衡しているときには，それらの相（部分系）の全ての示強変数は同じ値でなければならない．すなわち，両相の温度と圧力は等しく $T^\alpha = T^\beta, P^\alpha = P^\beta$，両相中の元素 A，B のケミカルポテンシャルも等しくなければならない $\mu_A^\alpha = \mu_A^\beta, \mu_B^\alpha = \mu_B^\beta$．ギブスエネルギーの独立変数は T, P, N_A, N_B であり，変数の数は四つになる．

任意の数の成分からなる系では，独立に変化させられる変数は，成分数を C として，$C+2$ と書ける（2 は温度と圧力）．しかし，示強変数間にはギブス-デューエムの関係（式(1-32)）による拘束があるため，全ての示強変数を自由に変えることはできない．

ギブス-デューエムの式は，それぞれの相によって示量変数が異なるため，それぞれの相に対して成立しなければならない．したがって，相の数だけの拘束条件があり，A-B 二元系合金において二相が平衡している場合には，次の二つになる．

$$-S^\alpha dT^\alpha + V^\alpha dP^\alpha - N_A^\alpha\,d\mu_A^\alpha - N_B^\alpha\,d\mu_B^\alpha = 0$$
$$-S^\beta dT^\beta + V^\beta dP^\beta - N_A^\beta\,d\mu_A^\beta - N_B^\beta\,d\mu_B^\beta = 0 \quad (1\text{-}41)$$

したがって，相の数 C が同じ領域内で自由に変えられる示強変数の数 f は，相の数だけの拘束条件 p を独立に変えられる変数の数 $C+2$ から引いて，

$$f = C + 2 - p \quad (1\text{-}42)$$

これがギブスの相律（Gibbs' phase rule）である．

また固相や液相などの凝縮相のみを考える場合には，数 GPa の圧力をかけない限り，相平衡・相変態への圧力の影響は限定的であることから，圧力を変数ではなく定数（通常，1 気圧 $P = 10^5$ Pa）と見なして $f = C + 1 - p$ を用いる（凝縮系の相律）．鉱物の相平衡では，温度と圧力一定下での変成（反応）を考えることが多いため，さらに温度も除外して $f = C - p$ が用いられている．これを鉱物学的相律と呼ぶ．

1.3.2　ケミカルポテンシャルとモルギブスエネルギー

元素 A，B からなる相のモルギブスエネルギーの B 濃度依存性（T, P 一定）が図 1.7(a)で表されるとする．点線は，組成 x_B におけるモルギブスエネルギーの接線で，この図から元素 A，B のケミカルポテンシャルは，接線と両端が交わる交点のモルギブスエネルギーであることがわかる．この接線の方程

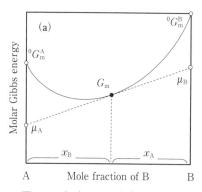
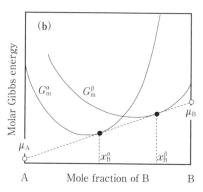

図 1.7　(a) モルギブスエネルギーの組成依存性と組成 x_B におけるてこの法則（T, P 一定）．(b) α 相と β 相の二相平衡における共通接線とケミカルポテンシャル[C12]．

式からケミカルポテンシャルを求めると，

$$\mu_A = G_m - x_B \left(\frac{dG_m}{dx_B} \right)_{T,P,N}$$

$$\mu_B = G_m + x_A \left(\frac{dG_m}{dx_B} \right)_{T,P,N} \tag{1-43}$$

両式を整理すると，$G_m = x_A \mu_A + x_B \mu_B$ が得られ式(1-39)と一致する．n 元系 ($i=1, 2, 3, \cdots n-1, n$) に対しては，

$$\mu_1 = G_m - \sum_{i=2}^{n} \frac{\partial G_m}{\partial x_i} x_i$$

$$\mu_i = \mu_1 + \frac{\partial G_m}{\partial x_i} \tag{1-44}$$

が得られる（式(1-43)，(1-44) の導出は参考文献[16]を参照）．

次に二相平衡を考えてみよう．元素 A と元素 B からなる A-B 二元系合金で α 相と β 相の二相平衡が達成されたとする（T, P 一定）と，平衡条件は $\mu_A^\alpha = \mu_A^\beta$, $\mu_B^\alpha = \mu_B^\beta$ であり，図1.7(b)に示したように，両相のモルギブスエネルギーの共通接線に相当する．図から平衡する二相の組成はそれぞれ x_B^α, x_B^β，両相の相比は次に説明するてこの法則から求められる．

1.3.3 てこの法則

次にてこの法則（Lever rule）について考えてみよう．二つの元素 A と B からなる単相二成分系のモルギブスエネルギー G_m は，式(1-39)から，式(1-45)で与えられる．

$$G_m(T, P, x_A) = x_A \mu_A + x_B \mu_B \tag{1-45}$$

ここで，式(1-28)では N_A, N_B が共に独立に変化できるが，式(1-37)の条件 ($\sum_i x_i = 1$) により，x_A, x_B の一方は従属変数となる．$x_A + x_B = 1$ を考慮して式(1-45)を変形すると次式が得られる．

$$\frac{x_A}{x_B} = \frac{\mu_B - G_m}{G_m - \mu_A} \tag{1-46}$$

これはてこの法則と呼ばれており，図1.8にその模式図を示す．

また，てこの法則は平均組成 x_A の A-B 二元系単相合金が α 相（組成 x_A^α, 相比 f^α）と β 相（組成 x_A^β, 相比 f^β）の二つ相に分かれる場合にも成り立つ．

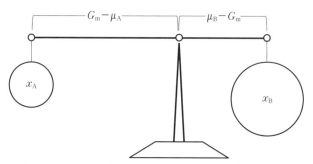

図 1.8 A-B 二成分系におけるてこの法則の模式図[C15].

ここで,元素 A の量は相分離前後で保存されていなければならないので,$x_A = f^\alpha x_A^\alpha + f^\beta x_A^\beta$,$1 = f^\alpha + f^\beta$ を考慮して変形すると,てこの法則 $f^\alpha/f^\beta = (x_A^\beta - x_A)/(x_A - x_A^\alpha)$ が得られる.

1.3.4 駆動力

ここで,十分大きな α 相から微量の元素 A と B を取り去ることを考えよう(参考文献[17]も参照).これはすなわち,それぞれの元素のケミカルポテンシャルが μ_A^α,μ_B^α で与えられている α 相という浴からそれらを取り出すのと同じである.取り出す量に対して α 相の量が十分大きければ,α 相のギブスエネルギーを変化させることなく,元素 A,B を色々な割合で取り出すことができる.これは系全体のギブスエネルギーを変えることなく,異なる組成を持つ極微量の新相 θ の形成を考えることを意味している.

ここで θ 相のギブスエネルギーが接線よりも下に位置する場合には,次式で与えられるギブスエネルギーの減少が生じる(**図 1.9** 参照).

$$\Delta G_m^\theta = x_A^\theta \mu_A^\alpha(x_B^\alpha) + x_B^\theta \mu_B^\alpha(x_B^\alpha) - G_m^\theta(x_B^\theta) \tag{1-47}$$

このギブスエネルギーの減少量 ΔG_m^θ(>0)は,過飽和固溶体 α 相からの θ 相の析出の駆動力に相当する(図 1.9 参照).これは,θ 相の析出開始時 P_i の駆動力であり,析出が進むに伴って過飽和度は徐々に減少し(過飽和 α 相の組成が平衡組成に近づく),したがって駆動力も減少する.この析出反応による系全体としての全駆動力 ΔG_m(>0)は,最後に得られる α 相と θ 相のタイライン上のギブスエネルギーと初期の過飽和 α 相(P_i)のギブスエネルギーとの

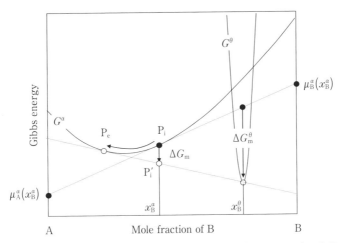

図 1.9 α 相から θ 相が析出するときの駆動力とギブスエネルギー変化（矢印の方向）．P_i は θ 相が析出する前の α 相（過飽和固溶体），P_e は θ 相と平衡状態にある α 相[C15].

差によって与えられ，図 1.9 の ΔG_m に相当する．

1.4 まとめ

　ここでは，これから本書を読み進むために必須の基礎知識となる熱力学について取り上げた．熱力学では多くの状態変数が登場し，そして多くの状態変数間の関係式があり，一見複雑で難解な学問に見えるかもしれない．しかし，一方でそれは熱力学の汎用性を示しているともいえる．

　熱力学の基本方程式と状態変数を理解すれば，あとはそれを変形する，または異なる拘束条件下で導出されたものであるとわかるだろう．また，熱力学の学問領域全体のより深い理解のためには，ギブスのアンサンブルなど統計力学が重要な役割を持っている．しかし，ここでは基本的な事柄のみに絞り，それらを取り上げていない．統計力学のテキストはすでに数多く出版されており，熱力学のより深い理解のためにもそれらを合わせて参考にしていただくことをお勧めする（例えば参考文献[18,19]など）．

参 考 文 献

[1]　西沢泰二：金属，**77**（2007），63-67.

[2]　CaTCalc : https://staff.aist.go.jp/k.shobu/CaTCalc/index.html

[3]　MatCalc : https://matcalc.at/

[4]　ThermoSuite : http://thermodata.online.fr/downloads.html

[5]　FactSage（GTT-Technology）: https://gtt-technologies.de/software/factsage/

[6]　FactSage（Thermfact Ltd.）: http://www.factsage.com/

[7]　PANDAT : http://www.computherm.com/

[8]　Thermo-Calc Software : https://www.thermocalc.com/

[9]　Malt2 for Windows : https://www.kagaku.com/malt/product_jp.html

[10]　MTDATA : http://resource.npl.co.uk/mtdata/mtdatasoftware.htm

[11]　Lukas program : http://www.met.kth.se/~bosse/BOOK/CTBOOK.html

[12]　Computational phase diagram database : https://cpddb.nims.go.jp/

[13]　P. J. Spencer : CALPHAD, **32**（2008），1-8.

[14]　清水　明：熱力学の基礎，東京大学出版会（2007）.

[15]　H. B. キャレン 著；小田垣孝 訳：熱力学および統計物理入門（上，下），第 2 版，吉岡書店（1998）.

[16]　西沢泰二：ミクロ組織の熱力学，日本金属学会（2005）.

[17]　M. Hillert : Phase equilibria, Phase diagrams and phase transformations, Cambridge（1998）.

[18]　久保亮五：熱学・統計力学，裳華房（1961）.

[19]　田崎晴明：新物理学シリーズ，統計力学 I，培風館（2008）.

計算熱力学編

第2章

熱力学モデル

本章では，CALPHAD（カルファド）法で用いられているギブスエネルギーとそれを記述するために必要となる熱力学モデルについて説明する．まず，多元合金系のギブスエネルギーの基礎となる純物質のギブスエネルギーがどのように決められているのかについて述べ，続いて，液相，固溶体相，化合物相のギブスエネルギーの記述に必要な熱力学モデルについて説明する．

2.1 純物質のギブスエネルギー

前章で述べたようにギブスエネルギーの自然な変数表示は $G(T, P, N)$ である．ギブスエネルギー式は熱力学基本方程式であり，ギブスエネルギーが関連する全ての相に対して既知であるということは，全ての状態関数が既知であることと同義である．実験においては，圧力一定の環境下（大気圧下）で温度や合金の組成を制御する場合が多いため，したがって，圧力の関数であるギブスエネルギーを用いると独立変数の数を一つ減らす（圧力を一定にする）ことができるので都合がよい．

CALPHAD 法では，ギブスエネルギーを式(2-1)で表されるように温度依存項（右辺第一項）と圧力依存項（右辺第二項）に分けて記述する．ここで，$^0G_\mathrm{m}^{\phi\cdot i}(T, P)$ は，結晶構造 ϕ を持つ元素 i（純物質）のモルギブスエネルギーを示している（左肩の 0 は純物質であることを示している）．

$$^0G_\mathrm{m}^{\phi\cdot i}(T, P) = {}^0G_\mathrm{m}^{\phi\cdot i\cdot\mathrm{temp}}(T, P_0) + {}^0G_\mathrm{m}^{\phi\cdot i\cdot\mathrm{press}}(T, P) \tag{2-1}$$

ここで，$P_0 = 10^5\mathrm{Pa}$，圧力依存項については後に述べるとして，ここでは純物質のギブスエネルギーの温度依存項について説明する．純物質のギブスエネルギーの温度依存性は，比熱や変態潜熱などの実験データを基に決められてい

る. すなわち, 結晶構造 ϕ を持つ元素 i のエンタルピー $H_\mathrm{m}^{\phi \cdot i}$ とエントロピー $S_\mathrm{m}^{\phi \cdot i}$ はそれぞれ次式で与えられる.

$$H_\mathrm{m}^{\phi \cdot i} = H^{\mathrm{SER} \cdot i} + \int C_\mathrm{P} dT \tag{2-2}$$

$$S_\mathrm{m}^{\phi \cdot i} = S_0 + \int \frac{C_\mathrm{P}}{T} dT \tag{2-3}$$

$H^{\mathrm{SER} \cdot i}$ は元素 i のエンタルピーの基準であり, SER は Standard Element Reference の略で標準状態 ($T = 298.15\,\mathrm{K}$, $P = 10^5\,\mathrm{Pa}$) におけるその元素の安定結晶構造の値が用いられている (この例外としては, りんに対しては白りん, 酸素などのガス成分には気相が用いられている). エントロピーの基準 S_0 は, 熱力学第三法則から $T = 0\,\mathrm{K}$ で $S_0 = 0\,\mathrm{J\,mol^{-1}K^{-1}}$ である. 純物質の定圧比熱 C_P の実験データは, これまでに JANAF Thermochemical Tables[E12] に表形式で蓄積されており, その温度依存性は次式で表されている.

$$C_\mathrm{P} = c + dT + eT^2 + fT^{-2} \tag{2-4}$$

ここで, c, d, e, f は定数である. 後述するが, 実験値を最もよく再現するように, いくつかの温度範囲に分けて式(2-4)の定数が決められている. またこの温度範囲の分割を避けるためさらに $T^{1/2}$ や T^{-3} 項が加えられている場合もある. 式(2-4)を式(2-2), (2-3)に代入すると, エンタルピーとエントロピーは,

$$H_\mathrm{m}^{\phi \cdot i} - H^{\mathrm{SER} \cdot i} = cT + \frac{1}{2}dT^2 + \frac{1}{3}eT^3 - fT^{-1} + a \tag{2-5}$$

$$S_\mathrm{m}^{\phi \cdot i} = c \ln T + dT + \frac{1}{2}eT^2 - \frac{1}{2}fT^{-2} + b \tag{2-6}$$

ここで, a と b は定数である. 式(2-6)に $T = 0\,\mathrm{K}$ を代入して明らかなように $S = 0$ にはならない ($T \Rightarrow 0$ で $\ln T$ と T^{-2} 項が発散する). これは, これら関数を室温以下まで外挿することは可能であるが, 式(2-4)の温度の級数による定圧比熱の記述が低温域の比熱を表すには不十分であることによるもので, 純物質のギブスエネルギー関数の有効温度範囲は, 通常, 室温が下限になっている (したがって熱力学データベースには, 下限値である室温の値 ($H_{298.15}$, $S_{298.15}$) が集録されている). 式(2-5), (2-6)からギブスエネルギーは,

$${}^0 G_\mathrm{m}^{\phi \cdot i \cdot \mathrm{temp}} - H^{\mathrm{SER} \cdot i} = a + (c - b)T - cT \ln T - \frac{1}{2}dT^2 - \frac{1}{6}eT^3 - \frac{1}{2}fT^{-1} \tag{2-7}$$

2.1 純物質のギブスエネルギー

各元素に対して決められたギブスエネルギーは,SGTE Pure データベース(SGTE:Scientific Group Thermodynamicdata Europe)としてまとめられ(表1.2参照),無償で配布されている.ほとんどの純物質のギブスエネルギーの温度依存性は式(2-7)で与えられているが,さらに T^7 項または T^{-9} 項が加えられている場合がある.これは,低温域(0.5 T_m 以下(T_m は融点))と高温域(1.5 T_m 以上)で液相と固相(最安定相)の定圧比熱との差を小さくし,低温側で液相のエントロピーが固相のエントロピーよりも小さくなる(Kauzmann パラドックス),または高温側で固相のエントロピーが液相のエントロピーよりも大きくなる(逆 Kauzmann パラドックス)[1]ことを避けるための条件として追加されている項である.

ギブスエネルギーと比熱の温度依存性の一例として図 2.1(a),(b)に純 Fe の計算結果を示す.SGTE Pure データベース(Ver. 4.4)では,bcc-Fe のギブスエネルギーは二つの温度域(融点以上と融点以下)に分かれて記述されている.bcc 相の比熱のピークは磁気変態によるもので後節で取り上げる.

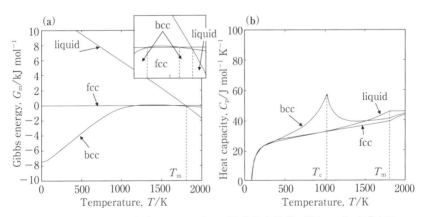

図 2.1 (a)純 Fe のギブスエネルギーの温度依存性($^0G_m^{\phi\text{-Fe-temp}} - {}^0G_m^{\text{fcc-Fe-temp}}$,fcc-Fe 基準).(b)純 Fe の比熱の温度依存性($P=10^5$ Pa).bcc-Fe には磁気変態に伴うピークが現れる.T_c は磁気変態温度,T_m は融点.計算には Thermo-Calc,SGTE Pure データベースを用いた[C13].

2.2 ギブスエネルギーの圧力依存性

次にギブスエネルギーの圧力依存性について説明する．圧力依存性に対しては，体積弾性率 K の実験データからギブスエネルギーの圧力依存性の導出を行う．温度 T K，圧力 $P=0$ Pa における体積弾性率を $K_0(T,0)$ とし，圧力依存性を P の級数で表すと

$$K(T,P)=K_0(T,0)+\sum_n a_n P^n \tag{2-8}$$

ここで，a_n は定数である．級数を $n=1$ まで取ると等温圧縮率 $\kappa(=1/K)$ は，

$$\kappa(T,P)=\frac{\kappa(T,0)}{1+a_1\kappa(T,0)P} \tag{2-9}$$

ここで，$\kappa_0(T,0)$ は温度 T，$P=0$ Pa における等温圧縮率である．$\kappa=-V^{-1}\partial V/\partial P$ の関係より，モル体積 V_{m} は，

$$V_{\mathrm{m}}(T,P)=\frac{V_{\mathrm{m}}(T,0)}{[1+a_1\kappa(T,0)P]^{\frac{1}{a_1}}} \tag{2-10}$$

ここで，$V_{\mathrm{m}}(T,0)$ は温度 T，$P=0$ Pa におけるモル体積である．さらに，体積膨張率 $\alpha(T,P)$ を用いると，$\alpha=V^{-1}\partial V/\partial T$ の関係より $V_{\mathrm{m}}(T,0)$ は，

$$V_{\mathrm{m}}(T,0)=V_{\mathrm{m}}(T_0,0)\exp\left[\int_{T_0}^{T}\alpha(T,0)dT\right] \tag{2-11}$$

ここで，T_0 は 298.15 K である．ギブスエネルギーの圧力依存項（式(1-26)より $dG(T,P,N)=VdP$，T と N 一定）は，式(2-10)，(2-11)により，

$$G_{\mathrm{m}}^{\phi\text{-}i\text{-pressure}}(T,P)=\int_0^P V_{\mathrm{m}}(T,P)dP$$

$$=\frac{V_{\mathrm{m}}(T_0,0)\exp\left[\int_{T_0}^{T}\alpha(T,0)dT\right]}{\kappa(T,0)(a_1-1)}\left\{[1+a_1\kappa(T,0)P]^{1-\frac{1}{a_1}}-1\right\} \tag{2-12}$$

式(2-12)中の純物質の体積膨張率と等温圧縮率の温度依存性は級数を用いて，

$$\alpha(T,0)=\alpha_0+\alpha_1 T+\alpha_2 T^2+\alpha_3 T^{-2} \tag{2-13}$$

$$\kappa(T,0)=\kappa_0+\kappa_1 T+\kappa_2 T^2 \tag{2-14}$$

により与えられる．ここで α_i, κ_i は定数である．例えば，SGTE Pure データベースに集録されている bcc-Fe の値は，$V_{\mathrm{m}}(298.15,0)=7.042095\times10^{-6}$

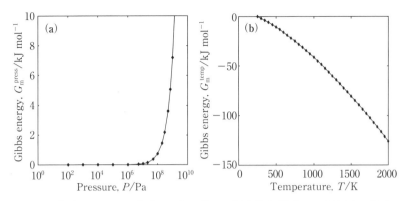

図 2.2 （a）bcc-Fe のギブスエネルギーの圧力依存項（$T=1000$ K），（b）bcc-Fe のギブスエネルギーの温度依存項（$P=10^5$ Pa）．常圧以下（～10^5 Pa）では，ギブスエネルギーの温度依存項の寄与が支配的であるが，高圧（10^8～10^9 Pa 以上）になると圧力依存項の影響が大きくなる．計算には SGTE Pure データベースを用いた．

m^3 mol^{-1}，$a_1=4.7041$，$\alpha_0=2.3987\times10^{-5}$ K^{-1}，$\alpha_1=2.569\times10^{-8}$ K^{-2}，$\alpha_2=0$，$\alpha_3=0$，$\kappa_0=5.965\times10^{-12}$ Pa^{-1}，$\kappa_1=6.5152\times10^{-17}$ Pa^{-1} K^{-1}，$\kappa_2=0$ であり，標準状態（$P=10^5$ Pa，$T=298.15$ K）において，式(2-12)は 0.7 J mol^{-1} 程度になる．

図 2.2（a）に $T=1000$ K における式(2-12)の圧力による変化を示す．図 2.2（b）に示した式(2-1)の右辺第 1 項と比較すると，常圧近傍またはそれ以下では，ギブスエネルギーの圧力依存項の影響は限定的である．また，合金化した場合には，$V_\mathrm{m}(298.15, 0)$，α，κ の組成依存性を導入しなければならないが，これまでに考慮された例はない．式(2-12)は Murnaghan モデル[2]と呼ばれており，SGTE Pure データベースで取り入れられている．この他にも，モル体積 V_m と体積弾性率 K の経験式（$V_\mathrm{m}=a+b\ln(K)$）を出発点としてギブスエネルギーの圧力依存性を表す Grover モデル[3]も提案されている．

2.3　磁気過剰ギブスエネルギー

Fe，Co，Ni などの磁性相の場合には，磁気変態に伴うギブスエネルギー変

化として，磁気過剰ギブスエネルギー $G_\mathrm{m}^\mathrm{mag}$ を式(2-1)に加える必要がある．CALPHAD 法において，磁気過剰ギブスエネルギーは Inden モデル[4]により与えられている．Inden モデルでは磁気比熱の温度依存性を式(2-15)，(2-16) と仮定する．強磁性相（Ferromagnetic phase）に対しては，

$$C_\mathrm{p}^\mathrm{ferro} = K^\mathrm{ferro} R \ln\left(\frac{1+\tau^n}{1-\tau^n}\right) \tag{2-15}$$

ここで，$\tau<1$（$\tau=T/T_\mathrm{C}$，T_C は強磁性-常磁性転移温度，キュリー温度）である．キュリー温度以上の常磁性相（Paramagnetic phase，$\tau>1$）に対しては，

$$C_\mathrm{p}^\mathrm{para} = K^\mathrm{para} R \ln\left(\frac{\tau^m+1}{\tau^m-1}\right) \tag{2-16}$$

ここで K は定数である．乗数 n と m は経験的に $n=3, m=5$ と与えられている．

図 2.3 に示すように，両式ともに $\tau \Rightarrow 1$（磁気変態温度）において発散することがわかる．式(2-15)と式(2-16)を積分することで磁気変態に伴う磁気過剰ギブスエネルギーを求めることができるが，このままでは得られるギブスエネルギー式が複雑になってしまう．この点を改善するため，Hillert と Jarl は上

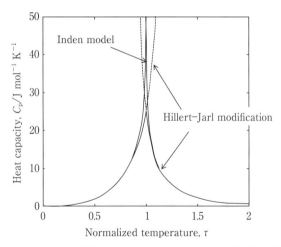

図 2.3 Inden モデルと Hillert-Jarl モデルによる磁気比熱の温度依存性（$\tau=T/T_\mathrm{C}$）．転移点は $\tau=1$．式(2-15)，(2-16)，(2-17)の係数は $K=1$ として計算した結果[C15]．

2.3 磁気過剰ギブスエネルギー

式の対数部分を級数展開してより簡単な式を提案した（これを Hillert-Jarl モデルと呼ぶこともある）.

$$C_\mathrm{p}^\mathrm{ferro}=2K^\mathrm{ferro}R\Big(\tau^n+\frac{\tau^{3n}}{3}+\frac{\tau^{5n}}{5}\Big)$$

$$C_\mathrm{p}^\mathrm{para}=2K^\mathrm{para}R\Big(\tau^{-m}+\frac{\tau^{-3m}}{3}+\frac{\tau^{-5m}}{5}\Big) \tag{2-17}$$

級数を第三項までで打ち切っているために，この近似式では転移点では発散せず，$K^\mathrm{ferro}=K^\mathrm{para}$ の場合，$T=T_\mathrm{C}$ で両関数は交差（$C_\mathrm{p}^\mathrm{ferro}=C_\mathrm{p}^\mathrm{para}$）する．しかし，図 2.3 に示すように転移点の近傍を除けば，式(2-15)，(2-16)と式(2-17)は，よく一致していることがわかるだろう.

式(2-17)から磁気エントロピーは，次式で表される.

$$S(\infty)-S(0)=\int_0^{T_\mathrm{C}}\frac{C_\mathrm{p}^\mathrm{ferro}}{T}dT+\int_{T_\mathrm{C}}^\infty\frac{C_\mathrm{p}^\mathrm{para}}{T}dT$$

$$=\frac{518}{675}R(K^\mathrm{ferro}+0.6K^\mathrm{para}) \tag{2-18}$$

同様にエンタルピーは次式で与えられる.

$$H(\infty)-H(T_\mathrm{C})=\int_{T_\mathrm{C}}^\infty C_\mathrm{p}^\mathrm{para}dT=\frac{79}{140}RT_\mathrm{C}\,K^\mathrm{para}$$

$$H(T_\mathrm{C})-H(0)=\int_0^{T_\mathrm{C}}C_\mathrm{p}^\mathrm{ferro}dT=\frac{71}{120}RT_\mathrm{C}\,K^\mathrm{ferro} \tag{2-19}$$

ここで，定数 K を求めるため，転移温度 T_C 前後のエンタルピー変化の相対比として f を定義する.

$$f=\frac{H(\infty)-H(T_\mathrm{C})}{H(\infty)-H(0)} \tag{2-20}$$

式(2-19)，(2-20)から，

$$K^\mathrm{ferro}=\frac{474}{497}\Big(\frac{1}{f}-1\Big)K^\mathrm{para} \tag{2-21}$$

Inden によると，f の値は結晶構造によって異なり，経験的に bcc 構造では0.4，その他の構造に対しては 0.28 と与えられている．また，磁気エントロピーは，ボーア磁子 μ_B で規格化された 1 原子当たりの磁気モーメント β を用いて，

$$S(\infty)-S(0)=R\ln(\beta+1) \tag{2-22}$$

式(2-18)，(2-21)，(2-22)を用いて定数 K^{para} は，次のように決めることができる．

$$K^{\text{para}} = \frac{\ln(\beta+1)}{\dfrac{518}{1125} + \dfrac{11692}{15975}\left(\dfrac{1}{f}-1\right)} \tag{2-23}$$

したがって，キュリー温度以上（$\tau > 1$）の常磁性相の磁気過剰ギブスエネルギーは，$T=\infty$ を基準とすると，

$$G_{\text{m}}^{\text{mag}} = \int_{\infty}^{T} C_{\text{p}}^{\text{para}} dT - T \int_{\infty}^{T} \frac{C_{\text{p}}^{\text{para}}}{T} dT \tag{2-24}$$

キュリー温度以下（$\tau < 1$）の強磁性相では，

$$G_{\text{m}}^{\text{mag}} = \int_{\infty}^{T_{\text{C}}} C_{\text{p}}^{\text{para}} dT - T \int_{\infty}^{T_{\text{C}}} \frac{C_{\text{p}}^{\text{para}}}{T} dT + \int_{T_{\text{C}}}^{T} C_{\text{p}}^{\text{ferro}} dT - T \int_{T_{\text{C}}}^{T} \frac{C_{\text{p}}^{\text{ferro}}}{T} dT \tag{2-25}$$

式(2-18)，(2-19)，(2-23)，(2-24)，(2-25)を用いて整理すると，

$$G_{\text{m}}^{\text{mag}} = RT \ln(\beta+1) g(\tau) \tag{2-26}$$

（ギブスエネルギーが化合物1モルで定義されている場合（例えば A_nB_m 化合物）に対しては，$\beta^{A_nB_m} = (1+\beta)^{n+m} - 1$ の変換をした $\beta^{A_nB_m}$ を用いること．ソフトウェアでは自動変換されない．原則として磁気転移を持つ相は原子1モルで記述するとよい．）

ここで $g(\tau)$ は，$\tau < 1$ では，

$$g(\tau) = 1 - \frac{\dfrac{79}{140f}\tau^{-1} + \dfrac{474}{497}\left(\dfrac{1}{f}-1\right)\left(\dfrac{\tau^3}{6} + \dfrac{\tau^9}{135} + \dfrac{\tau^{15}}{600}\right)}{\dfrac{518}{1125} + \dfrac{11692}{15975}\left(\dfrac{1}{f}-1\right)} \tag{2-27}$$

$\tau > 1$ では，

$$g(\tau) = - \frac{\dfrac{\tau^{-5}}{10} + \dfrac{\tau^{-15}}{315} + \dfrac{\tau^{-25}}{1500}}{\dfrac{518}{1125} + \dfrac{11692}{15975}\left(\dfrac{1}{f}-1\right)} \tag{2-28}$$

で与えられる．

　図 2.4（a）に bcc-Fe における $g(\tau)$ と τ の関係を示した．式(2-27)と(2-28)は T_{C} で交差し，式(2-26)の磁気過剰ギブスエネルギーも連続的に変化する．

　反強磁性‐常磁性転移に対しても同じ式(2-26)が適用されているが，この場

2.3 磁気過剰ギブスエネルギー

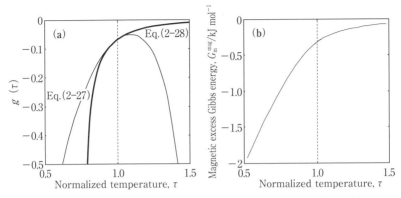

図 2.4 （a） bcc-Fe の $g(\tau)$. 式(2-27)と式(2-28)は $\tau=1$ 近傍で交差する.
（b） 磁気過剰ギブスエネルギー G_m^{mag} の温度依存性 （式(2-26)）. 計算には $\beta=2.22$, $f=0.4$ を用いた.

合には以下で述べる反強磁性因子（Antiferromagnetic factor）の導入が必要である. 磁化率 χ と温度の間には次の関係がありキュリー-ワイス則（Curie-Weiss law）[5]と呼ばれている.

$$\chi = \frac{C}{T-\theta} \quad (2\text{-}29)$$

ここで C はキュリー定数, θ は磁気転移温度である. 強磁性-常磁性転移温度は $\chi^{-1}(T)=0$ により与えられ（$\theta=T_C$）, 転移温度 T_C をキュリー温度と呼ぶ.

一方, 反強磁性-常磁性転移に対するキュリー-ワイス則は,

$$\chi = \frac{C}{T+\theta} \quad (2\text{-}30)$$

同様に $\chi^{-1}(T)=0$ から求められる転移温度 θ は, 反強磁性-常磁性転移の場合には正の値を持ち（$\theta=-T_a$）, 転移温度 T_a （<0）は常磁性キュリー温度（または漸近キュリー温度）と呼ばれている. 常磁性キュリー温度 T_a とネール温度 T_N （反強磁性-常磁性転移温度）の関係は近似的に

$$\frac{T_a}{T_N} = -1 \quad (2\text{-}31)$$

T_a/T_N を一般に反強磁性因子と呼んでいる. SGTE Pure データベースでは, 反強磁性の bcc 相では式(2-31)を用い（-1）, それ以外の相（hcp 相, fcc 相

など)では $-1/3$ が用いられている.fcc,hcp 構造に対する反強磁性因子が bcc 構造と異なるのは,スピンのフラストレーションを考慮しているためである.fcc,hcp 構造の最密面は三角格子となり,反強磁性の場合スピン配列が一義的に決まらない(フラストレート系[6]).この場合,三角形の三つの頂点のうち二つはキャンセル(アップスピンとダウンスピン)されると考え,残った格子点のモル数は 1/3 となる.したがって原子 1 mol 当たりの反強磁性対因子は $-1 \times 3 = -3$ となる.実際の熱力学データベースでは,反強磁性-常磁性転移に対しては -3 をかけた値が集録されている.この反強磁性因子は,変態温度と磁気モーメントに対して適用され,例えば実験値が $T_N = 100$ K,$\beta = 0.5$ であれば,熱力学データベース中には $T_a = -300$ K,$\beta = -1.5$ と記述される.式(2-29)〜(2-31)の関係式は,ワイスの分子場理論[5]から導かれる.

図 2.5 に Cr-Fe 二元系[7]の bcc 相の磁気変態温度の組成依存性を示す.Fe-rich 側が強磁性で Cr-rich 側が反強磁性である.したがって,Cr-rich の bcc 相の磁気変態温度は漸近キュリー温度を用いて $T_a = -311.5$ K となり,ネール温度ではなく,この値が熱力学データベースに記述されている(図はネール温度に変換している).

さらにこの例のように合金化した場合には,磁気変態温度と磁気モーメントの組成依存性を考慮しなければならない.キュリー温度(ネール温度)と磁気

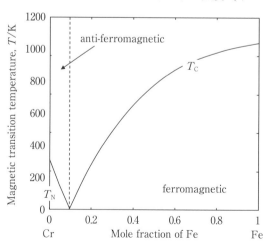

図 2.5 Cr-Fe 二元系合金の bcc 相の磁気変態温度の組成依存性.

モーメントの組成依存性は，例えば A-B-C 三元合金では，次式で表される．

$$T_C = x_A {}^0T_A + x_B {}^0T_B + x_C {}^0T_C$$
$$+ x_A x_B T_{A,B} + x_A x_C T_{A,C} + x_B x_C T_{B,C} + x_A x_B x_C T_{A,B,C}$$

$$\beta = x_A {}^0\beta_A + x_B {}^0\beta_B + x_C {}^0\beta_C$$
$$+ x_A x_B \beta_{A,B} + x_A x_C \beta_{A,C} + x_B x_C \beta_{B,C} + x_A x_B x_C \beta_{A,B,C} \tag{2-32}$$

（転移温度と磁気モーメントはそれぞれ別の組成依存性を持つことができるが，図 2.5 のように T_C と T_N が混在している場合には，その零点は同じ組成になるようにすること．零点がずれると相分離が生じる．）

ここで，${}^0T_i, {}^0\beta_i, x_i$ は，純物質 i のキュリー温度（ネール温度），磁気モーメント，モルフラクションである．$T_{i,j}, \beta_{i,j}, T_{i,j,k}, \beta_{i,j,k}$ は実験データを基に決められており，その組成依存性は 2.5 節で取り上げる過剰ギブスエネルギーの組成依存性と同様に，Redlich-Kister（R-K）級数によって与えられている．

　この Inden モデルによる磁気変態の取り扱いは，図 2.1（b）に示したように磁気変態が二次の相変態（ギブスエネルギーの温度に関する二階微分である磁気比熱が不連続になる）の場合に対してのみ有効である．したがって Mn_3Ge_2 など一次の磁気変態（ギブスエネルギーの一階微分が不連続になる変態）を起こす場合には，このモデルでは取り扱うことができない．磁気変態に対しては，現在の熱力学データベースでは，Inden モデルのみが用いられている．さらに，このモデルは純物質 Fe，Co，Ni，Mn，Cr やそれらを含む合金（主に Fe 基合金）を対象としたものであり，それ以外の化合物や酸化物のより複雑な磁気変態挙動に対しては，後節で取り上げる副格子分けを導入するなど，より精密な熱力学モデルの構築が必要である．

2.4　ガス相のギブスエネルギー

　純物質 i のみからなるガス相のギブスエネルギーは，圧力依存項（式(2-1)の右辺第二項）に理想気体の状態方程式 $PV=RT$ を用いて，次式で与えられる（2.2 節での圧力依存項導出を参照）．

$$0G_m^{\text{ideal-gas-}i}(T, P) = {}^0G_m^{\text{gas-}i\text{-temp}} + RT \ln\left(\frac{P}{P_0}\right) \tag{2-33}$$

ここで，P_0 は標準状態の圧力 $P_0 = 10^5 \, \mathrm{Pa}$ である．$^0G_{\mathrm{m}}^{\mathrm{gas}\text{-}i\text{-}\mathrm{temp}}$ は純物質 i のみからなるガス相のギブスエネルギーの温度依存性で，式(2-7)と同様の形式で与えられ，定数は比熱の実験データを基にして決められている．

$$^0G_{\mathrm{m}}^{\mathrm{gas}\text{-}i\text{-}\mathrm{temp}} = a + (c-b)T - cT \ln T - \frac{1}{2}dT^2 - \frac{1}{6}eT^3 - \frac{1}{2}fT^{-1} \qquad (2\text{-}34)$$

ガス成分間の相互作用が無視できない，分子のサイズが無視できない場合を実在気体（Real gas）または非理想気体（Non-ideal gas）と呼び，理想気体からのずれをモル体積の逆数の級数により与える．この展開をビリアル展開と呼ぶ．級数を $i = 1$ で打ち切ると次式が得られる．

$$\frac{PV_{\mathrm{m}}}{RT} = 1 + \sum_{i=1}^{n} \frac{L_i}{V_{\mathrm{m}}^i} = 1 + \frac{L_1}{V_{\mathrm{m}}} \qquad (2\text{-}35)$$

さらにテイラー展開 $(1-x)^{-1} = 1 + x + \cdots (x \ll 1)$ を用いると右辺を $(1 - L_1/V_{\mathrm{m}})$ と近似することができ，次式が得られる．

$$P(V_{\mathrm{m}} - L_1) = RT \qquad (2\text{-}36)$$

これは"わずか"に理想気体から異なる実在気体の状態方程式である．

$$^0G_{\mathrm{m}}^{\mathrm{real}\text{-}\mathrm{gas}\text{-}i}(T, P) = {}^0G_{\mathrm{m}}^{\mathrm{gas}\text{-}i\text{-}\mathrm{temp}} + RT \ln\left(\frac{P}{P_0}\right) + L_1(P - P_0) \qquad (2\text{-}37)$$

ここで，標準状態は $P = P_0$ で $^0G_{\mathrm{m}}^{\mathrm{real}\text{-}\mathrm{gas}\text{-}i} = {}^0G_{\mathrm{m}}^{\mathrm{gas}\text{-}i\text{-}\mathrm{temp}}$ である．熱力学計算ソフトウェア（FactSage など）によっては，気体を含む平衡計算を行うときに理想気体か実在気体かを選択できるが，両者の差はモル体積の補正項 L_1 の有無である．いくつかのガス相に関しては，L_1 は臨界温度，臨界圧力などの実験データから経験的（Tsonopoulos 法[8]による推定値が用いられている）に求められている．例えば，非極性ガスのアルゴンの標準状態においては $L_1 = 10^{-4} \, \mathrm{m^3 \, mol^{-1}}$ 程度になる．

また，ガス相の場合には，例えば酸素単元素だけを考えようとしても，ガス相には O, O_2, O_3 などの複数の種（Species）が含まれてくる．これらガス相を構成している種はガス相の成分（Constituents）と呼ばれ，この場合のガス相のギブスエネルギーには式(2-33)や式(2-37)に加えて，それらの混合によるエントロピーを考慮しなければならない．次節で説明するが，このエントロピー項はガス相，溶体相共に同じ形式で与えられている．

2.5 溶体相のギブスエネルギー

次に，二つ以上の元素が混合した場合のギブスエネルギーについて考えてみよう．元素 A と元素 B が混合した溶体相 α を考え，それぞれの元素のモルフラクションを x_A, x_B とする．この A-B 二元系溶体相のギブスエネルギーは，純物質のギブスエネルギー（式(2-1)）に A と B を混合したことによって生じたギブスエネルギー変化 G_m^{mix} を加えて次式で表される．

$$G_m^{\alpha} = x_A \, {}^0G_m^{\alpha \cdot A} + (1-x_A){}^0G_m^{\alpha \cdot B} + G_m^{mix} \tag{2-38}$$

ここで，圧力は $P = 10^5 \, Pa$ 一定としている．A と B の間に相互作用がなく，A と B の混合がランダムである場合には，混合によるギブスエネルギー変化 G_m^{mix} はエントロピー項のみで与えられ，

$$G_m^{\alpha} = x_A \, {}^0G_m^{\alpha \cdot A} + (1-x_A){}^0G_m^{\alpha \cdot B} - TS_m^{mix} \tag{2-39}$$

ここで，S_m^{mix} は混合のエントロピーであり，式(2-39)でギブスエネルギーを与えられる溶体を理想溶体（Ideal solution）と呼ぶ．混合のエントロピーは，ボルツマンの式（式(1-17)）を用いて与えられる．すなわち n_A 個の A 原子と n_B 個の原子を $N(=n_A+n_B=1 \, mol \, (6.02 \times 10^{23}))$ 個の格子点上にランダムに配置するときの場合の数 W を数えることで与えられる[9]．

$$S_m = k_B \ln(W) = -R \sum_{i=A}^{B} x_i \ln(x_i) \tag{2-40}$$

したがって，A-B 二元系理想溶体のギブスエネルギーは，

$$G_m^{\alpha} = x_A \, {}^0G_m^{\alpha \cdot A} + (1-x_A){}^0G_m^{\alpha \cdot B} + RT[x_A \ln(x_A) + (1-x_A)\ln(1-x_A)] \tag{2-41}$$

実際の溶体のモルギブスエネルギーは，理想溶体からのずれを表す過剰ギブスエネルギー項 G_m^{excess} を加えて，次式で与えられる．

$$G_m^{\alpha} = x_A \, {}^0G_m^{\alpha \cdot A} + (1-x_A){}^0G_m^{\alpha \cdot B} + RT[x_A \ln(x_A) + (1-x_A)\ln(1-x_A)] + G_m^{excess} \tag{2-42}$$

ここで，ブラッグ-ウイリアムズ-ゴルスキー近似（Bragg-Williams-Gorsky (B-W-G) approximation），すなわち，1）原子の混合はランダムである，2）A と B の原子間の結合力（相互作用）は第一近接原子間にのみ働くと仮定すると，過剰ギブスエネルギーは，A と B の混合によって新たにできた最近

接位置にある A-B 原子対の影響だけを考えればよい．A-A，B-B，A-B 最近接原子対の結合エネルギー（引力の場合を負に取る）を $u_{A,B}, u_{A,A}, u_{B,B}$ として，A-B 対相互作用エネルギー $w_{A,B}$（A-B 対 1 mol 当たり）を次式で定義する．

$$w_{A,B} = u_{A,B} - \frac{u_{A,A} + u_{B,B}}{2} \tag{2-43}$$

ここで，カンマで区切られた i, j は，同じ副格子上の最近接位置にある i 原子と j 原子を意味している．2.7 節で取り上げる副格子を導入した場合には，同じ最近接位置にある原子であっても副格子が異なる場合には $i : j$ のようにコロンで区切ることにする．第一近接位置の配位数を z として，過剰ギブスエネルギーは，

$$G_m^{excess} = x_A(1 - x_A)zw_{A,B} \tag{2-44}$$

で与えられる[10]（付録 A2 の式 (A2-2)，(A2-3) 参照）ここで，改めて A-B の相互作用パラメーター $\Omega_{A,B}$ を次式で定義する．

$$\Omega_{A,B} = zw_{A,B} \tag{2-45}$$

熱力学データベースでは，この相互作用パラメーター $\Omega_{A,B}$ が集録されている．

式 (2-43)，(2-44) を式 (2-42) に代入すると，α 相のギブスエネルギーとして次式が得られる．

$$G_m^{\alpha} = x_A{}^0G_m^{\alpha\text{-}A} + (1 - x_A){}^0G_m^{\alpha\text{-}B} + RT[x_A \ln(x_A) + (1 - x_A)\ln(1 - x_A)]$$
$$+ x_A(1 - x_A)\Omega_{A,B} \tag{2-46}$$

ここで A-B 二元系ではなく，N 種の元素からなる N 元系に対しては，式 (2-46) は，

$$G_m^{\alpha} = \sum_{i=A}^{N} x_i{}^0G_m^{\alpha\text{-}i} + RT \sum_{i=A}^{N} x_i \ln(x_i) + \sum_{i=A}^{N} \sum_{j>i} x_i x_j \Omega_{i,j} \tag{2-47}$$

総和記号 $\sum_{i=A}^{N} \sum_{j>i}$ については式 (2-48) の後で説明する．

式 (2-47) でギブスエネルギーが表される溶体を正則溶体，この熱力学モデルを正則溶体モデルと呼んでいる．しかし，実際の溶体の過剰ギブスエネルギーを再現するには相互作用パラメーター Ω の濃度依存性の導入が必要であり，次式の Redlich-Kister（R-K）級数が広く用いられている（そのほかにも Margules 型，Borelius 型などいくつかの級数が提案されているが，現在の熱力学データベースでは用いられていない[11]）．

2.5 溶体相のギブスエネルギー

$$G_\mathrm{m}^\mathrm{excess} = \sum_{i=\mathrm{A}} \sum_{j>i} x_i x_j \varOmega_{i,j} = \sum_{i=\mathrm{A}}^{N} \sum_{j>i} x_i x_j \left[\sum_{n=0}^{v} L_{i,j}^{(n)} (x_i - x_j)^n \right] \qquad (2\text{-}48)$$

ここで，式(2-47)，(2-48)中の $i>j$，R-K 級数の組成依存性 $(x_i - x_j)$ では，アルファベット順で若い元素を i とする．そして，逆の組み合わせ，すなわち $L_{j,i}^{(n)} (x_j - x_i)^n$ は考慮しない．例えば，式(2-48)を Cr-Fe 二元系に対して展開すると，

$$\sum_{i=\mathrm{A}}^{N} \sum_{j>i} x_i x_j \left[\sum_{n=0}^{v} L_{i,j}^{(n)} (x_i - x_j)^n \right]$$
$$= x_\mathrm{Cr} x_\mathrm{Fe} [L_\mathrm{Cr,Fe}^{(0)} + L_\mathrm{Cr,Fe}^{(1)} (x_\mathrm{Cr} - x_\mathrm{Fe}) + L_\mathrm{Cr,Fe}^{(2)} (x_\mathrm{Cr} - x_\mathrm{Fe})^2 + L_\mathrm{Cr,Fe}^{(3)} (x_\mathrm{Cr} - x_\mathrm{Fe})^3 + \cdots] \qquad (2\text{-}49)$$

式(2-49)からわかるとおり，アルファベット順が逆になると n が奇数のときには符号が逆になってしまう．熱力学データベースでは，元素の並びはアルファベット順で統一されているが，一部の論文では，必ずしもアルファベット順になっていない場合もあり，実際に論文からデータベースファイルを作成して状態図計算をする場合には，元素の順番を確認する必要がある．また，$L_{i,j}^{(n)}(T)$ の温度依存性は次式で表される．

$$L_{i,j}^{(n)}(T) = a + bT + cT \ln T + \cdots \qquad (2\text{-}50)$$

ここで a, b, c は定数であり，種々の実験値を最もよく再現できるようにこれらの定数を決める作業が 4 章で取り上げる熱力学アセスメントである．十分に実験データ（比熱など）がある場合には，右辺の第三項以降を考慮することも可能である．相互作用パラメーター $\varOmega_{i,j}$ が組成依存性を持つ場合には厳密には準正則溶体と呼ぶべきであるが，広義に正則溶体と呼ばれている（本書では両者を区別して用いている）．

図 2.6 に $n=0 \sim 10$ までの R-K 級数項の組成依存性を示した．$n=0$（正則溶体）の場合には過剰ギブスエネルギーは 1：1 組成に極値を持つ左右対称の曲線となる．実際の合金系では，左右非対称な場合が多く，R-K 級数の高次項はそれら合金系における過剰ギブスエネルギーを再現するために必要であるが，図 2.6 を見てわかるとおり，次数が高くなるに従ってその寄与はより限定的になるため，高次項（$n=5$ 以上）が用いられるのはまれである．それよりも高次の項が必要になる場合には，その溶体に対する熱力学モデルの選択を再

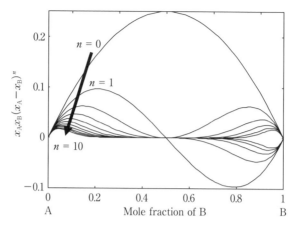

図 2.6 R-K 級数の各項の組成依存性（$L_{A,B}^{(n)}=1$）．最も値が大きい曲線は $n=0$，矢印の方向に順に $n=10$ までの計算結果．奇数項は 1 : 1 組成の左右で符号が異なる[C13]．

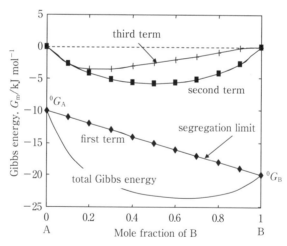

図 2.7 固溶体のギブスエネルギー（式(2-47)）と各項の寄与．次のパラメーターを用いた計算例：$L_{A,B}^{(0)}=L_{A,B}^{(1)}=L_{A,B}^{(2)}=L_{A,B}^{(3)}=-10\,\mathrm{kJ\,mol^{-1}}$，$^0G_A=-10\,\mathrm{kJ\,mol^{-1}}$，$^0G_B=-20\,\mathrm{kJ\,mol^{-1}}$，$T=1000\,\mathrm{K}$[D8]．

2.5 溶体相のギブスエネルギー 47

考すべきである.

また，式(2-47)の右辺の各項の組成依存性を**図 2.7** に示す．簡単のために，A-B 二元系，R-K 級数は $n=0\sim3$ までとして，計算に用いたパラメーターは図中に示した．右辺の第一項は，元素 A と B が完全に分離した状態のギブスエネルギーであるためセグレゲーションリミット（Segregation limit）と呼ばれている．すでに述べたように，第二項は混合のエントロピー項 S_m，第三項は過剰ギブスエネルギー G_m^{excess} である．

さらに A-B-C 三元系合金の場合には，式(2-48)に三元系の過剰ギブスエネルギー（式(2-51)）が加えられている場合もある．

$$G_m^{excess\text{-}ter}=x_A x_B x_C[x_A\,^{(0)}L_{A,B,C}+x_B\,^{(1)}L_{A,B,C}+x_C\,^{(2)}L_{A,B,C}] \qquad (2\text{-}51)$$

ここで，パラメーター $^{(0)}L_{A,B,C},\,^{(1)}L_{A,B,C},\,^{(2)}L_{A,B,C}$ の左肩の添え字の意味が R-K 級数の右肩の添え字と異なっており，式(2-51)では，級数の第一項，第二項，第三項を表すのではなく，三つの元素をアルファベット順に並べ若い方の元素のパラメーターから 0，1，2 と番号が付けられている．紛らわしい記述であるが，後の章で紹介する熱力学データベースファイルで標準となっている表現形式なので，ここでは同じ表現方法にしてある．これは，論文からデータベースファイルを作成するときの注意点の一つである．さらに多元系になった場合には，四元系，五元系の相互作用を表す項を取り入れるか検討しなければならないが，これまでにその報告例はない．

また，二元系に対する式(2-48)を多元系へ拡張する手法として，いくつかの形式が提案されている．最も広く用いられている形式は，Muggianu 型[12]であり，例えば A-B-C 三元系に対して R-K 級数を $n=1$ まで展開すると，

$$G_m^{excess}=\sum_{i=A}^{N}\sum_{j>i}x_i x_j\left[\sum_{n=0}^{v}L_{i,j}^{(n)}(x_i-x_j)^n\right]=x_A x_B[L_{A,B}^{(0)}+L_{A,B}^{(1)}(x_A-x_B)]$$
$$+x_A x_C[L_{A,C}^{(0)}+L_{A,C}^{(1)}(x_A-x_C)]+x_B x_C[L_{B,C}^{(0)}+L_{B,C}^{(1)}(x_B-x_C)] \quad (2\text{-}52)$$

これを Redlich-Kister-Muggianu（R-K-M）型過剰ギブスエネルギーと呼ぶ．その他の拡張形式としては，Kohler 型，Toop 型，Colinet 型があるが，現在の熱力学データベースでは Muggianu 型が標準になっている．Thermo-Calc では，Muggianu 型だけではなく，いくつかの形式をサポートしているが，多くのソフトウェアでは Muggianu 形式のみである．

48 第2章 熱力学モデル

次に正則溶体モデルにおける熱力学量と相互作用パラメーターの関係を見ておこう。ここでは元素 A と B からなる溶体相を考える。正則溶体モデルによるギブスエネルギーは次式で与えられる。

$$G_m^\alpha = \sum_{i=A}^{B} x_i\,{}^0G_m^{\alpha\cdot i} + RT\sum_{i=A}^{B} x_i \ln(x_i) + x_A x_B \Omega_{A,B} \tag{2-53}$$

ここで簡単のため，右辺の第一項はゼロ，A-B の相互作用パラメーターは $\Omega_{A,B} = L_{A,B}^{(0)} = a + bT + cT\ln(T)$ とする。したがって，正則溶体モデルのエントロピー，エンタルピー，定圧比熱は，

$$S_m^\alpha = -\frac{\partial G_m^\alpha}{\partial T} = -R\sum_{i=A}^{B} x_i \ln(x_i) - x_A x_B[b - c - c\ln(T)]$$

$$H_m^\alpha = G_m^\alpha - T\frac{\partial G_m^\alpha}{\partial T} = x_A x_B(a - cT)$$

$$C_P^\alpha = -T\frac{\partial^2 G_m^\alpha}{\partial T^2} = -c \tag{2-54}$$

上式中の $-x_A x_B[b - c - c\ln(T)]$, $x_A x_B(a - cT)$, $-c$ はそれぞれ，過剰エントロピー（Excess entropy），過剰エンタルピー（Excess enthalpy），過剰比熱（Excess heat capacity）である。

純物質のギブスエネルギー $G_m^{\phi\cdot A}, G_m^{\phi\cdot B}$ を 0，相互作用パラメーターを $-10, 0, +10\,\mathrm{kJ\,mol^{-1}}$（$b = c = 0$）と変えたときのギブスエネルギー，エンタルピー，エントロピーの濃度依存性を**図 2.8** に示す。相互作用パラメーターが負の場合（A-B 間に引力型相互作用がある場合）には，A と B が混合することで，ギブスエネルギー，混合のエンタルピーが共により負で大きくなり，正であれば逆になる（図 2.8（a），（c））。これらは 700 K で計算した結果であるが，さらに温度を下げると，図 2.8（e）に示すように，相互作用パラメーターが正の場合には，下に凸の組成依存性を持つエントロピー項（$-TS$）に比べ，上に凸の混合のエンタルピー項の寄与が大きくなり，ギブスエネルギー曲線に上に凸の領域が現れる。これを溶解度ギャップと呼ぶ（後節でより詳しく取り扱うことにする）。ここでは，$b = c = 0$ としたので（過剰エントロピーは 0）エントロピーは理想溶体と同じ値のままである（図 2.8（b））。また $c = 0$ なので過剰比熱もゼロである。相互作用パラメーターに正の温度依存項（$+bT\,\mathrm{J\,mol^{-1}}$）を加えると式(2-54)よりエントロピーは理想溶体よりも低下

2.5 溶体相のギブスエネルギー

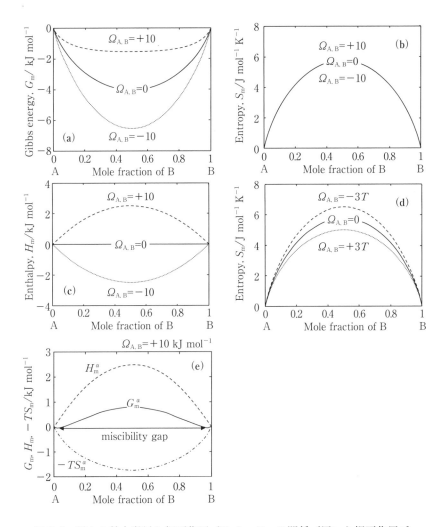

図 2.8 種々の熱力学量と相互作用パラメーターの関係（用いた相互作用パラメーター $\Omega_{A,B}$ （kJ mol^{-1}）は図中に示した）．(a) モルギブスエネルギー，(b) エントロピー，(c) エンタルピー，(d) エントロピー $\Omega_{A,B}$ （J mol^{-1}）．$T=700$ K，$P=10^5$ Pa．(e) $\Omega_{A,B}=+10$ kJ mol^{-1} の場合に生じる溶解度ギャップ，$T=300$ K における計算例．

し,負であれば増加する (図 2.8 (d)).

また,ケミカルポテンシャルは,$x_A + x_B = 1$ に注意して式(1-43)に式(2-46)を代入すると,次式で表される.

$$\mu_A^\alpha = {}^0G_m^{\alpha \cdot A} + RT \ln(x_A) + x_B^2 \Omega_{A,B}$$
$$\mu_B^\alpha = {}^0G_m^{\alpha \cdot B} + RT \ln(x_B) + x_A^2 \Omega_{A,B} \qquad (2\text{-}55)$$

理想溶体の場合には右辺の第三項は 0 になる.また,ここで次式で活量 a を定義する.

$$\mu_A^\alpha = {}^0G_m^{\alpha \cdot A} + RT \ln(a_A)$$
$$\mu_B^\alpha = {}^0G_m^{\alpha \cdot B} + RT \ln(a_B) \qquad (2\text{-}56)$$

式(2-55),(2-56)から,活量と相互作用パラメーターは次式の関係があることがわかる.

また,$\Omega_{A,B} = 0$(理想溶体)の場合には,活量は濃度に一致する.

$$a_A = x_A \exp\left(x_B^2 \frac{\Omega_{A,B}}{RT}\right)$$

$$a_B = x_B \exp\left(x_A^2 \frac{\Omega_{A,B}}{RT}\right) \qquad (2\text{-}57)$$

純物質のギブスエネルギー ${}^0G_m^{\alpha \cdot A}$, ${}^0G_m^{\alpha \cdot B}$ を 0,相互作用パラメーターを $-10, 0, +10$ kJ mol^{-1} ($b = c = 0$) と変えたときのケミカルポテンシャル,活量の濃度依存性を図 2.9 (a),(b)に示す.式(2-55)からわかるようにケミカルポテ

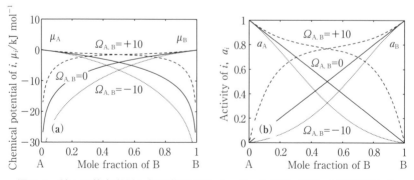

図 2.9 種々の熱力学量と相互作用パラメーターの関係(用いた相互作用パラメーター $\Omega_{A,B}$ (kJ mol^{-1}) は図中に示した).(a)ケミカルポテンシャル,(b)活量.$T = 700$ K,$P = 10^5$ Pa[C12].

ンシャルは，$\mu_A^\alpha = {}^0G_m^{\alpha\text{-}A}, x_A = 1 ; \mu_A^\alpha = -\infty, x_A = 0 ; \mu_B^\alpha = {}^0G_m^{\alpha\text{-}B}, x_B = 1 ; \mu_B^\alpha = -\infty,$ $x_B = 0$ となる．活量は，理想溶体では $a_i = x_i$ の直線になることがわかる．共に相互作用パラメーターが正の場合は，a_A, a_B は共に理想溶体の値よりも大きくなり，負の場合には小さくなることがわかる．式(2-56)で定義される活量をラウール基準の活量と呼ぶ（$x_A \to 1, a_A/x_A = 1$）．Thermo-Calc では基準状態（式(2-56)の右辺第一項）をコマンド（Set reference state コマンド）により定義しない限り，第一項をゼロとして計算される（ケミカルポテンシャルに対しては SER（298.15 K, 10^5 Pa）が選ばれる）．

2.6　ラティススタビリティ

ラティススタビリティとは，各元素に対して標準状態の安定相を基準として与えられた各相（安定相，準安定相）の相対的なギブスエネルギーのことで，Kaufman[13]によって導入された考え方である．純物質のギブスエネルギーは，2.1節で述べたように，比熱などの実験データを基に決められている．しかし，安定な結晶構造に対しては実験値を得ることが可能であるが，例えば bcc-Cu や hcp-Al など実際には安定相として存在しない結晶構造に対しては求

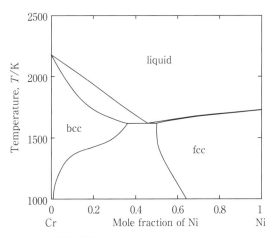

図 2.10　Cr-Ni 二元系状態図．Thermo-Calc，SSOL2 データベースを用いた[C13]．

められない．これらの安定結晶構造以外の結晶構造を取った場合の元素のギブスエネルギーは，例えば多元化したときの固溶体や化合物のギブスエネルギーを与えるときに必要となる．

具体的な例として，**図 2.10** に Cr-Ni 二元系状態図を示す．標準状態（$T = 298.15\,\text{K}$, $P = 10^5\,\text{Pa}$）では，Cr は bcc，Ni は fcc 構造を持つため，式(2-53)でそれぞれの固溶体のギブスエネルギーを表すには，右辺の第一項に準安定構造の $^0G_\text{m}^\text{fcc-Cr}$ と $^0G_\text{m}^\text{bcc-Ni}$ が含まれてしまう．安定構造である bcc-Cr と fcc-Ni のギブスエネルギーは実験データより決定できるが，fcc-Cr と bcc-Ni は準安定であるため，実験的に決めることができない．この場合，相境界を準安定領域へ外挿し，仮想的な転移点からの相平衡の外挿や融解のエントロピーが実測できる物質において経験的な関係式から求めるなどにより推定がなされている．fcc-Ni, bcc-Ni, hcp-Ni など結晶構造が異なる元素単体のギブスエネルギーは，それぞれの結晶構造の（相対的）安定性を決めているのでラティススタビリティ（Lattice stability）と呼んでいる．

各元素のラティススタビリティを収録した SGTE Pure データベースは，1991 年に SGTE により公開され，現在でも広く用いられている（SGTE Pure データベース発表後，準安定相のデータを中心に改訂が進められており，現時点では Ver. 5.0 が最新である）．

公開当時から準安定相のギブスエネルギーは推定値であるため，大きなエラーが含まれている可能性が指摘されているが，エラーが大きかったとしても純物質のデータベースを基盤としてすでに多くの合金データベースが構築されており，その修正には注意が必要である．すなわちラティススタビリティを修正すると，それがその純物質に関してより物理的に正しい値を与えるものであったとしても，それを基にしてすでに多くの多元系における多くの相のギブスエネルギーが決められている場合（4 章で取り上げる熱力学アセスメントが行われている場合）には，それらの見直しも合わせて必要となるためである．一元系は改善されたとしても，そのままでは多元系に対しては適切な結果を与えない可能性がある．現在では，第一原理計算を用いて，準安定構造の生成エネルギーの推定が可能となっており，室温以下の比熱へのデバイモデルの導入を含め，純物質データベースのさらなる精度向上が検討されている．

2.7 副格子モデル

　CALPHAD法において正則溶体モデルと併せて重要な熱力学モデルが副格子モデル（Sublattice model，またはコンパウンドエナジーフォーマリズム[14]（Compound energy formalism）とも呼ぶ）である．液相や固溶体相に対しては式(2-47)を用いることができるが，結晶中である原子が優先占有サイトを持っている場合には，優先占有サイトが決まっているということをギブスエネルギーの式の中に取り入れなければならない．短範囲規則では原子の周りの狭い領域中の原子配置に着目しているのに対して，化合物のように，結晶中で例えばA原子とB原子の占有位置が決まっており，その配置が長範囲に渡って繰り返される場合は長範囲規則化と呼ぶ．

　ここで，B2型規則構造を持つ化合物を例に副格子モデルの説明しよう．結晶構造の表現方法には，Pearson記号，プロトタイプ，Strukturbericht分類，空間群などいくつかある．例えば，図2.11（a）の結晶構造の場合，ピアソン記号：cP2，プロトタイプ：CsCl型，Strukturbericht分類：B2，空間群：

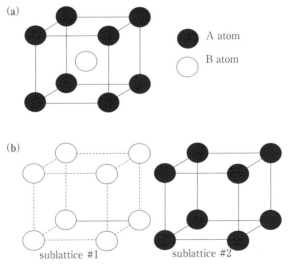

図2.11　（a）B2化合物の結晶構造（体心立方格子）と（b）二つの副格子（単純立方格子）[D7]．

$Pm\bar{3}m$ と記述される．この B2 構造においては，結晶中で原子 A が占める位置と原子 B が占める位置を明確に区別することができることがわかるだろう．そして，それぞれの原子が占める格子点だけを取り出すと，図 2.11（b）のように，二つの単純立方格子に分けることができる．元の結晶格子を分割して得られたこれらの結晶格子を副格子（Sublattice）と呼ぶ．この副格子を用いてギブスエネルギーを記述する熱力学モデルは，副格子モデルと呼ばれている．本節では，副格子モデルを用いた化合物のギブスエネルギーについて考えることにする．

2.8　化学量論化合物のギブスエネルギー

　副格子を用いたギブスエネルギー式で最も単純なケースは化学量論化合物（または定比化合物，ドルトナイド化合物と呼ばれている）の場合である．

　すなわち，A 原子と B 原子はそれぞれ優先占有サイトを持ち，その副格子上ではお互いに全く混ざり合わない場合である（ある特定の組成比を持った化合物のみが存在し，組成幅を持っていない）．元素 A（α 相）が p モル，元素 B（β 相）が q モルから，A_pB_q 化合物が生成されるとすると，化学量論化合物のモルギブスエネルギーは式(2-58)で与えられる．ここで，左辺のモルギブスエネルギーを与える場合に二種類の与え方がある．全原子数を 1 mol（$p+q=1$）とする場合と生成した A_pB_q 化合物を 1 mol とする場合であり，モルの定義に注意が必要である．後者の場合には全原子数は $p+q$ モルになってしまうため，前者のギブスエネルギーの $p+q$ 倍の値になる．例えば，A_2B は原子数 1 mol で記述すると，$p=0.\dot{6}$，$q=0.\dot{3}$ と循環小数となってしまうため，化合物 1 mol（$p=2, q=1$）で記述されることが多い（原子数 1 mol とする場合には，$p=0.6667$，$q=0.3333$ など小数点以下 3〜4 桁で丸められている）．溶体相の場合には，原子数 1 mol であるので，化合物に対しても原子数 1 mol を用いれば，そのまま生成ギブスエネルギーなどを比較できるなどの利点がある．ここでは断らない限り，1 mol は原子数 1 mol を意味するものとする．A_pB_q 化合物のギブスエネルギー $G_m^{A_pB_q}$ は次式となる．

$$G_m^{A_pB_q} = p^0G_m^{\alpha\text{-}A} + q^0G_m^{\beta\text{-}B} + {}^0G_m^{A_pB_q} \tag{2-58}$$

ここで，右辺第1，2項はそれぞれ元素 A（α相）と元素 B（β相）のギブスエネルギー，第3項 $^0G_{\mathrm{m}}^{\mathrm{A}_p\mathrm{B}_q}$ は純物質 A（α相）と B（β相）から化合物 $\mathrm{A}_p\mathrm{B}_q$ が生成したときの生成ギブスエネルギーであり次式で与えられる．

$$^0G_{\mathrm{m}}^{\mathrm{A}_p\mathrm{B}_q}=a+bT+cT\ln T+dT^2+eT^3+fT^{-1} \tag{2-59}$$

多くの化合物のギブスエネルギーは右辺第1，第2項のみで与えられており，c 以降の項が表す過剰比熱（純物質と化合物の比熱の差）が考慮されている例は少ない（すなわち式(2-59)の右辺 $a+bT$ のみを考える．過剰比熱 c については式(2-54)参照．

　これは主に化合物の比熱の実験データが少ないことによるものであり，これは，式(2-58)の純物質項からの寄与だけで化合物の比熱を近似することに相当する．これをコップ-ノイマン則（Kopp-Neumann rule）[15]と呼ぶ．

　式(2-59)は，合金組成の関数となっていないことから，状態図上では1本の線となって現れるため，この化合物はラインコンパウンドとも呼ばれている．実際には，組成幅を持って存在する化合物であっても，単相域の幅が極端に狭い化合物，結晶学的データが限られている化合物，実験値はあるもののその信頼性が低い化合物などの場合には，それらの化合物は化学量論化合物として取り扱われていることが多い．

2.9　副格子への分け方

　先に副格子への分割の方法として，各元素の優先占有サイトを基にすると述べた．図 2.11（a）に示した B2 構造など，多くの二元系化合物に対してこの方法が適用できるが，より厳密には結晶学的に等価な結晶サイトへと分割しなくてはならない（ワイコフポジション（Wyckoff position）と呼ばれている）．ここでは"副格子分け"の問題点を示す意味で Cr-Fe 二元系に現れる化合物 σ相を例に取り上げよう．

　この化合物は**図 2.12**（a）に示す複雑な D8$_\mathrm{b}$ 構造（Structurbericht 分類）を持っている（結晶学的データは**表 2.1** 参照）．ワイコフポジションは 2a, 4f, 8i$_1$, 8i$_2$, 8j の五つであり，したがって σ相はこれら五つの副格子（A$_2$B$_4$C$_8$D$_8$E$_8$）に分ける必要がある．σ相は図 2.12（b）に示したように，A 面，C 面の二種

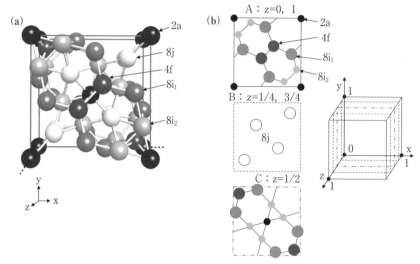

図 2.12 (a) σ 相の結晶構造とワイコフポジション (2a, 4f, 8i₁, 8i₂, 8j), (b) z 軸に垂直な結晶面上の原子配置. A 面 ($z=0, 1$ (実線枠)), B 面 ($z=1/4, 3/4$ (破線枠)), C 面 ($z=1/2$ (二点鎖線枠)) が z 軸に沿って A-B-C-B-A と積層されている (右図).

表 2.1 σ 相の結晶学的データ.

副格子 No.	ワイコフ ポジション	格子位置 x	y	z	CN*
#1	2a	0	0	0	12
#2	4f	0.40	0.40	0	15
#3	8i₁	0.46	0.13	0	14
#4	8i₂	0.74	0.07	0	12
#5	8j	0.18	0.18	0.25	14

*：配位数 (Coordination Number)
空間群：$P4_2/mnm$, ピアソン記号：$tP30$

類の六方格子からなる面と 4f サイトだけからなる B 面の三種類が z 軸に沿って ABCBA…と積層した構造になっている．ここでワイコフポジションの数字 $(2, 4, 8)$ は単位格子中のそれぞれの原子位置の数を表している．Cr-Fe 二元

系の場合，それぞれの副格子上で Cr 原子と Fe 原子の混合を考えると $(Cr, Fe)_2(Cr, Fe)_4(Cr, Fe)_8(Cr, Fe)_8(Cr, Fe)_8$ となる．

2.10 節で詳しく取り上げるが，この化合物のギブスエネルギーを記述するためには，各副格子を一種類の元素のみが占めた場合の組み合わせ（これをエンドメンバー（End-member）と呼ぶ）のギブスエネルギーが必要となる．5 副格子に分けた σ 相エンドメンバーは $2^5 = 32$ 種類になる．例えば，全ての副格子が Cr 原子のみに占有された場合の $Cr_2Cr_4Cr_8Cr_8Cr_8$（σ 相の構造を持つ純 Cr）や Fe がいくつかの副格子を占有した場合のエンドメンバー，例えば $Fe_2Cr_4Cr_8Cr_8Cr_8$, $Fe_2Fe_4Cr_8Cr_8Cr_8$, $Fe_2Ce_4Fe_8Cr_8Cr_8$, $Fe_2Fe_4Fe_8Fe_8Cr_8$ が挙げられる．しかし，実際には σ 相は Cr-Fe 二元系の場合には Cr-50 at% Fe の限られた組成域のみでしか安定して存在しないため，それ以外の組成域における σ 相の熱力学データは実験では求めることができない．そのため，実際の熱力学アセスメントでは，副格子の数を 2~3 に減らしたモデルが用いられている場合が多い．それによりエンドメンバーの数は減少し 3 副格子であれば $2^3 = 8$，2 副格子であれば $2^2 = 4$ となる．これらの副格子の組み合わせとしては，ワイコフポジションの第一近接配位原子数が同じもの（副格子 #1 と #4，副格子 #3 と #5 を Equivalent として取り扱う $A_4B_{16}C_{10}$）を同一副格子として取り扱う場合や状態図上で σ 相が現れる組成域を基準にする $A_4B_{18}C_8$（この場合には #1=#3=#5，#2，#4）や $A_{20}B_{10}$（二元系の σ 相は 2:1 組成付近に現れることが多い．この場合には #1=#4，#2=#3=#5）などがある．それぞれの副格子は常に結晶学的に等価な格子サイトだけから構成されるべきだと思われるかもしれないが，σ 相に限らずこれまでに行われている熱力学アセスメントでは必ずしもそうなってはいない．それは，副格子の数が増えると共にギブスエネルギーを記述するために必要なエンドメンバーの数とパラメーターの数が増加するが，それらのパラメーターを決めることができるだけの十分な実験データがないからである．また，実用合金などの十数元素からなる多元系合金への拡張を考えた場合，必要最小限の情報を含むより単純な熱力学モデルが望ましいという理由による．

しかし，結果として副格子分けが統一されていなため（それぞれのモデルの互換性がないため），それらを熱力学データベースとして統合することは不可

能である．しかし，近年では第一原理計算により実験データのない領域の熱力学量の推定が可能になってきたことから，σ相に対して上述の5副格子が用いられた熱力学アセスメントが多く報告されるようになってきている[16]．

また，二元系化合物では十分な副格子分けであったとしても，多元化することでさらなる副格子分けが必要になる場合もある．例えば，二元系におけるB2相に対しては，前述した二つの副格子分けで十分であるが，第三元素添加によりL2₁相が現れる場合には，四つの副格子分けが必要となる（図2.19（b）参照）．

化合物相の他にこのような副格子を考えなければならない例としては，侵入型固溶体があげられる．

例えば，γ-Feやα-Fe中に固溶している炭素原子や窒素原子は，Fe原子が占めている格子位置ではなく，Fe原子とFe原子の間に入り込んで固溶している（**図2.13**参照）．これを侵入型固溶体といい，この場合には，Fe原子が占める結晶サイトとCやN原子が占める結晶サイトが異なるため，炭素や窒

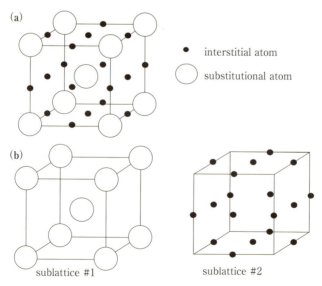

図2.13 （a）bcc格子と侵入型位置（八面体位置），（b）置換型副格子（sublattice #1）と侵入型副格子（sublattice #2）[C12]．

素原子が占める格子間位置に相当する副格子を考えなければならない．また，イオン溶体の場合には，アニオン（負イオン）とカチオン（陽イオン）が占めるそれぞれの副格子を仮想的に定義しなければならない．これをイオン溶体モデルと呼んでいるが，考え方はここで説明した副格子モデルと同様である．

2.10　不定比化合物のギブスエネルギー

化学量論化合物はある特定の組成比を持つ化合物であったが，不定比化合物（ベルトライド型化合物とも呼ぶ）$A_{p-x}B_{q+x}$ は，組成比 $p:q$ の周りに組成幅 x を持って存在している化合物である．また，不定比化合物の中には，幅広い単相域を持つものがある．その例としては図 2.18 で取り上げる L1$_2$，L1$_0$ 相や図 3.11（a）の C 相があげられる．

不定比化合物は組成幅を持っているが化学量論組成で代表させて定比化合物と同様に A_pB_q と表記することが多い．不定比化合物は組成幅があるため，同一副格子上での異なる元素の混合を考えなければならない．単純な例としてA-B 二元系合金において，二つの副格子（二つのワイコフポジション）からなり，両副格子上で A 原子と B 原子が混合できるとすると，この化合物の化学式は $(A, B)_p(A, B)_q$ と記述する．副格子に分けた場合でも，同じ副格子上の原子の混合はランダム混合（B-W-G 近似）を仮定する．

次に副格子上の元素濃度（副格子濃度，Site fraction）を定義しよう．ここでは，二つの副格子からなる化合物 $(A, B)_p(A, B)_q$ を考え，左側から順に副格子 #1，副格子 #2 と呼ぶことにする．$(A, B)_p(A, B)_q$ 化合物の副格子 #$k(=1,2)$ 上の元素 i のモル数を $n_i^{(k)}$，副格子 #k 上の全格子点のモル数を $N^{(k)}$ とすると，副格子 #k 上の元素 $i(=A, B)$ のサイトフラクション $y_i^{(k)}$ は次式で与えられる．

$$y_i^{(k)} = \frac{n_i^{(k)}}{N^{(k)}} \tag{2-60}$$

ここで，化合物を構成する原子数を 1 mol とする（$N=p+q=1$ mol）．副格子濃度と平均組成 x_i の関係は，

$$x_i = \frac{\sum_k N^{(k)} y_i^{(k)}}{\sum_k N^{(k)}} \tag{2-61}$$

配置のエントロピーは，構成原子を副格子 #1 の格子点上にランダムに配置する時の場合の数と副格子 #2 上にランダムに配置する場合の数を足し合わせとなる．溶体相の場合と同様に式(2-40)を用いて，

$$S_m = -R \sum_k \sum_i \frac{N^{(k)}}{N} y_i^{(k)} \ln(y_i^{(k)}) \tag{2-62}$$

次に図 2.11 に示した A-B 二元系における B2 型化合物のギブスエネルギーを考えてみよう．ここで B2 型化合物の化学式を $A_{0.5}B_{0.5}$（全原子数を 1 mol）とすると $p=q=0.5$（$N^{(1)}/N = N^{(2)}/N = 0.5$）である．副格子 #1 上にある原子は副格子 #2 上にある 8 個の第一近接原子に囲まれている（第二近接対以降の結合エネルギーは考えないことにする）．したがって，副格子 #1 上の A 原子の周りに，副格子 #2 上の A 原子が見つかる確率（A-A 対の確率）は $y_A^{(1)} y_A^{(2)}$ である．同様に B-B 対の確率は $y_B^{(1)} y_B^{(2)}$，A-B 対の確率は $y_A^{(1)} y_B^{(2)}$ である．副格子 #2 上の原子から見た対の数はそれぞれ $y_A^{(2)} y_A^{(1)}, y_B^{(2)} y_B^{(1)}, y_A^{(2)} y_B^{(1)}$ となる．最近接原子の配位数を z，i-j 対 1 mol 当たりの結合エネルギーを $u_{i:j}$ とすると，配置のエントロピー項（式(2-62)）を加えて，この化合物のギブスエネルギーは，

$$\begin{aligned}
G_m^{B2} &= z \sum_{k=1}^{2} \sum_{l>k}^{2} \sum_{i=A}^{B} \sum_{j=A}^{B} \frac{N^{(k)}}{N} y_i^{(k)} y_j^{(l)} u_{i:j} + RT \sum_{k=1}^{2} \sum_{i=A}^{B} \frac{N^{(k)}}{N} y_i^{(k)} \ln(y_i^{(k)}) \\
&= \frac{1}{2} z (y_A^{(1)} y_A^{(2)} u_{A:A} + y_B^{(1)} y_B^{(2)} u_{B:B} + y_A^{(1)} y_B^{(2)} u_{A:B} + y_B^{(1)} y_A^{(2)} u_{B:A}) \\
&\quad + \frac{1}{2} RT \sum_{k=1}^{2} \sum_{i=A}^{B} y_i^{(k)} \ln(y_i^{(k)})
\end{aligned} \tag{2-63}$$

B2 相が純物質 A だけからなるとすると（$y_A^{(1)} = y_A^{(2)} = 1$，その他の副格子濃度は 0），式(2-63)は B2 構造を持つ純物質 A（bcc_A2）のギブスエネルギー $^0G_m^{B2\text{-}A}$ と一致する．ここでは B2 相が副格子分けされた相であるため，純物質のギブスエネルギーは $^0G_{A:A}^{B2}$ と表現する（モル量を表す添え字 m は表記していないが，以降特に断らない限りモル量を用いる）．右下の添え字は，副格子 #1 を元素 A，副格子 #2 を元素 A が全て占めたときのギブスエネルギー

で，コロンは副格子が異なっていることを表している．各副格子を1種類の元素が占めた場合の組み合わせをエンドメンバーと呼び，2副格子でB2-$(A, B)_{0.5}(A, B)_{0.5}$化合物のギブスエネルギーを表した場合には，${}^0G_{A:A}^{B2}$，${}^0G_{A:B}^{B2}$，${}^0G_{B:A}^{B2}$，${}^0G_{B:B}^{B2}$の4種類の組み合わせが考えられる．純Aの場合と同様に，純B，純ABを考えると，

$$
{}^0G_{A:A}^{B2} = \frac{1}{2} z u_{A:A}
$$

$$
{}^0G_{B:B}^{B2} = \frac{1}{2} z u_{B:B}
$$

$$
{}^0G_{A:B}^{B2} = {}^0G_{B:A}^{B2} = \frac{1}{2} z u_{A:B} \tag{2-64}
$$

ここで$u_{A:B} = u_{B:A}$としている．式(2-64)を用いて式(2-63)を書き換えると，

$$
G_m^{B2} = \sum_{i=A}^{B} \sum_{j=A}^{B} y_i^{(1)} y_j^{(2)} \, {}^0G_{i:j}^{B2} + \frac{1}{2} RT \sum_{k=1}^{2} \sum_{i=A}^{B} y_i^{(k)} \ln y_i^{(k)} \tag{2-65}
$$

さらに，上式に過剰ギブスエネルギー項${}^{ex}G_m^{B2}$が加えられている場合が多い．この項は，同じ副格子や複数の副格子上での異なる元素の混合による過剰ギブスエネルギーであり，R-K級数を用いて与えられる．2副格子に分けたB2相の場合には次式となる．

$$
{}^{ex}G_m^{B2} = \sum_i \left[y_A^{(1)} y_B^{(1)} y_i^{(2)} \sum_{n=0}^{v} L_{A,B:i}^{(n)} (y_A^{(1)} - y_B^{(1)})^n \right]
$$

$$
+ \sum_i \left[y_i^{(1)} y_A^{(2)} y_B^{(2)} \sum_{n=0}^{v} L_{i:A,B}^{(n)} (y_A^{(2)} - y_B^{(2)})^n \right]
$$

$$
+ y_A^{(1)} y_B^{(1)} y_A^{(2)} y_B^{(2)} \frac{1}{2} \sum_{n=0}^{v} L_{A,B:A,B}^{(v)} [(y_A^{(1)} - y_B^{(1)})^n + (y_A^{(2)} - y_B^{(2)})^n] \tag{2-66}
$$

ここで，$L_{A,B:i}^{(0)}$は，副格子#2が元素iのみで占められたときの副格子#1上のAとBの相互作用パラメーターである（B2構造の場合には，第二近接対相互作用に相当する．第一近接相互作用は式(2-64)で考慮している）．$L_{i:A,B}^{(0)}$も同様に，副格子#2上のAとBの相互作用パラメーターである．右辺第三項の$L_{A,B:A,B}^{(k)}$は，レシプロカルパラメーター（Reciprocal parameter）と呼ばれ，二つの副格子に同時に混合を許した場合のパラメーターである．このレシプロカルパラメーターは，多くの場合$n=0$項だけであるが，短範囲規則化の影響（2.13節で取り上げる）を取り入れるために級数の高次項が用いられる場合も

ある（レシプロカルパラメーターの級数形式は，熱力学計算ソフトウェアによって異なるため，熱力学データベースファイルを修正する必要がある．付録A1参照）．後に説明するが，レシプロカルパラメーターは，規則–不規則変態をする化合物における短範囲規則化のギブスエネルギーに及ぼす効果を表している．この過剰ギブスエネルギー $^{\mathrm{ex}}G_{\mathrm{m}}^{\mathrm{B2}}$ は，式(2-48)における溶体相で用いた過剰ギブスエネルギー $G_{\mathrm{m}}^{\mathrm{excess}}$ とは異なっている．例えば，$^{\mathrm{ex}}G_{\mathrm{m}}^{\mathrm{B2}}=0$ として式(2-63)に不規則相の条件 $y_{\mathrm{A}}^{(1)}=y_{\mathrm{A}}^{(2)}=x_{\mathrm{A}}, y_{\mathrm{B}}^{(1)}=y_{\mathrm{B}}^{(2)}=x_{\mathrm{B}}$ を代入すると，正則溶体の過剰ギブスエネルギーを得ることができる（$\Omega_{\mathrm{A,B}}=zw_{\mathrm{A,B}}$，付録A2参照）．B2構造は図2.11に示したように副格子分けされており，各副格子の最近接位置は元のbcc格子の第二近接位置に相当する．したがって，この場合の過剰ギブスエネルギー $^{\mathrm{ex}}G_{\mathrm{m}}^{\mathrm{B2}}$ は第二近接対相互作用（式(2-66)右辺第一項，第二項）や短範囲規則化（式(2-66)の右辺第三項．2.13節で詳しく述べる）の寄与を表している．

　このB2-$(\mathrm{A,B})_{0.5}(\mathrm{A,B})_{0.5}$ 化合物が組成範囲を持たない定比化合物 $\mathrm{A}_{0.5}\mathrm{B}_{0.5}$ である場合，$y_{\mathrm{A}}^{(1)}=y_{\mathrm{B}}^{(2)}=1, y_{\mathrm{A}}^{(2)}=y_{\mathrm{B}}^{(1)}=0$ を式(2-65)に代入すると，右辺第二項の混合エントロピーの寄与がなくなるため $G_{\mathrm{m}}^{\mathrm{B2}}=\,^{0}G_{\mathrm{A:B}}^{\mathrm{B2}}$ が得られる．これは，定比化合物のギブスエネルギーであるので，式(2-58)から，次式の関係があることがわかる．

$$^{0}G_{\mathrm{A:B}}^{\mathrm{B2}}=\frac{1}{2}\,^{0}G_{\mathrm{m}}^{\alpha\text{-}\mathrm{A}}+\frac{1}{2}\,^{0}G_{\mathrm{m}}^{\beta\text{-}\mathrm{B}}+\,^{0}G_{\mathrm{m}}^{\mathrm{A}_{0.5}\mathrm{B}_{0.5}} \tag{2-67}$$

ここで α 相，β 相はいずれもbcc構造である．また，式(2-67)に式(2-64)を代入して整理すると，対相互作用パラメーター $w_{i:j}$ と関連付けられる．

$$^{0}G_{\mathrm{m}}^{\mathrm{A}_{0.5}\mathrm{B}_{0.5}}=\frac{z}{2}\Big(u_{\mathrm{A:B}}-\frac{u_{\mathrm{A:A}}+u_{\mathrm{B:B}}}{2}\Big)=\frac{z}{2}w_{\mathrm{A:B}} \tag{2-68}$$

ここで，対相互作用パラメーターの添え字 $\mathrm{A:B}$ は，それぞれ異なる副格子上にある最近接原子の対相互作用パラメーター（副格子 #1 上の A 原子と副格子 #2 上の B 原子間）であることを意味している（式(2-43)の $w_{\mathrm{A,B}}$ 同種副格子上の最近接原子間相互作用）．B2の場合には $z=8$，$^{0}G_{\mathrm{m}}^{\mathrm{A}_{0.5}\mathrm{B}_{0.5}}=4w_{\mathrm{A:B}}$ となる．

2.11 平衡副格子濃度

式(2-65)において新たに副格子とそれに伴う副格子濃度を導入したことで，自由度が増えていることがわかるだろう．ここでは具体的にB2二元系化合物を考える．B2化合物を2副格子に分ける場合には，AとBの各副格子上の濃度は次式で表される（$N^{(1)}=N^{(2)}$ であることに注意すること）．

$$y_B^{(1)} = 1 - y_A^{(1)}$$
$$y_A^{(2)} = 2x_A - y_A^{(1)}$$
$$y_B^{(2)} = 1 - y_A^{(2)} = 1 - 2x_A + y_A^{(1)} \qquad (2\text{-}69)$$

ここで，右辺の平均組成 x_A を決めても，この場合 $y_A^{(1)}$ が未知数として残されてしまう．したがって，この化合物相のギブスエネルギーを求めるには，もう一つ拘束条件を加えて副格子濃度を決めなければならない．すなわち，平均組成を一定として，最も低いギブスエネルギーを与える副格子濃度を求めなければならない．したがって，副格子の導入に伴って，新たな拘束条件として次式が得られる．

$$\frac{\partial G_m^{A_pB_q}}{\partial y_A^{(1)}} = 0$$

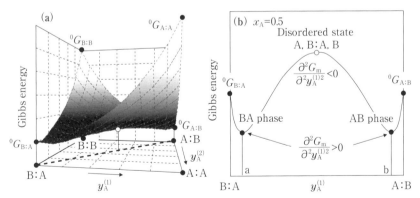

図 2.14 （a）式(2-65)のギブスエネルギーと副格子濃度（$y_A^{(1)}$）の関係．（b）$x_A=0.5$ 断面（(a)の点線）．AB化合物の全体組成 x_A を与えただけではAB相のギブスエネルギーは副格子濃度の関数になり決まらない．図はAB（またはBA）が安定な場合．

$$\frac{\partial^2 G_m^{A_p B_q}}{(\partial y_A^{(1)})^2} > 0 \tag{2-70}$$

この条件は，分割する副格子が一つ増えるごとに，一つ加えられることになる．

図 2.14（a）に AB 化合物相のギブスエネルギーと副格子濃度の関係を示す．ギブスエネルギーは副格子濃度の関数として図 2.14（a）で示す曲面で与えられる．組成を $x_A=0.5$ で固定した場合のギブスエネルギーの副格子濃度依存性を図 2.14（b）に示す．式(2-70)を満たす $y_A^{(1)}$ として a，b 点を得ることができる．

2.12 規則-不規則変態をする化合物の ギブスエネルギー

2.10 節では B2 化合物を例に，2 副格子モデルによるギブスエネルギーを取り上げた．この B2 化合物は規則-不規則変態することが知られており（この場合の不規則相は bcc 固溶体．Strukturbericht 記号で A2 なので，これを A2/B2 変態とも呼ぶ），ここでは，A2/B2 変態のように規則-不規則変態をする化合物の取り扱いについて述べる．この規則-不規則変態とは，低温側では構成原子が規則的に並んでいる規則相（化合物相）が，温度の上昇と共に規則的に配列された各副格子の原子の並びが徐々に混ざり合い，ある温度以上では

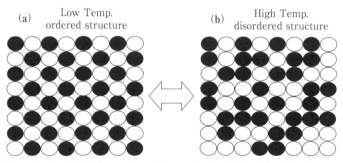

図 2.15 A-B 二元合金の二次元格子における規則-不規則変態の模式図（黒丸が A，白丸が B 原子）．（a）規則状態，（b）不規則状態[D7]．

2.12 規則-不規則変態をする化合物のギブスエネルギー   65

構成原子がランダムに混ざり合う不規則相（固溶体）となる変態のことである.

　図 2.15 に規則-不規則変態の模式図を示す. 図 2.15（a）では○が占める副格子と, ●が占める副格子を明確に分けることができるが, 不規則相（図 2.15（b））ではその区別がなくなっている. A2/B2 変態を例に取り上げると, B2 相（規則相）は, 2.10 節で取り上げた 2 副格子モデルによりギブスエネルギーが記述される. 一方で高温側に現れる A2 相（不規則相）のギブスエネルギーは, 2.5 節で取り上げた正則溶体モデルによってギブスエネルギーが記述される. ここで, B2 相のギブスエネルギー式に不規則相の条件（$y_i^{(1)} = y_i^{(2)} = x_i$）を代入することで不規則相のギブスエネルギーを与えられるが, このギブスエネルギーは式(2-47)で与えられる不規則相のギブスエネルギー式と一致しなければならない（共に同じ不規則相のギブスエネルギーに対応するため）.

　スプリットコンパウンドエナジーモデル（Split compound energy formalism）が導入されるまでは, 規則相と不規則相を全く別の相としてギブスエネルギーを決めていたが, 現在では, 規則-不規則変態をする化合物のギブスエネルギー $G_{\mathrm{m}}^{\mathrm{order}}$ は, 不規則相のギブスエネルギーと規則化のギブスエネルギーの二つの項の和として与える手法が用いられるようになっている. スプリットコンパウンドエナジーモデルは, 副格子分けを行った上で, さらに不規則相のギブスエネルギーと規則化のギブスエネルギーを分けて（Split して）記述する熱力学モデルである. この場合のギブスエネルギーは, 次式で表される.

$$G_{\mathrm{m}}^{\mathrm{order\text{-}split}} = G_{\mathrm{m}}^{\mathrm{disorder}}(\{x_i\}) + \Delta G_{\mathrm{m}}^{\mathrm{order}} \tag{2-71}$$

ここで, 独立に変化できる成分量 $x_{\mathrm{A}}, x_{\mathrm{B}}, x_{\mathrm{C}} \cdots$ を代表して $\{x_i\}$ と記述している. $G_{\mathrm{m}}^{\mathrm{disorder}}(\{x_i\})$ は不規則相のギブスエネルギーであり, 式(2-47)で与えられる溶体相のギブスエネルギーの記号を置きなおしたものである. $\Delta G_{\mathrm{m}}^{\mathrm{order}}$ は不規則相が規則化したときの規則化によるギブスエネルギー変化分である. この点を保証するためには, 式(2-63)を用いて, 規則化した場合と不規則化した場合について計算し, 両者の差を規則化のギブスエネルギーと定義すればよい. すなわち, 規則化のギブスエネルギーは式(2-72)で与えられる. ここで独立に変化できる副格子濃度 $y_{\mathrm{A}}^{(k)}, y_{\mathrm{B}}^{(k)}, y_{\mathrm{C}}^{(k)} \cdots$ を代表して $\{y_i^{(k)}\}$ と記述している.

$$\Delta G_{\mathrm{m}}^{\mathrm{order}} = G_{\mathrm{m}}^{\mathrm{order}}(\{y_i^{(k)}\}) - G_{\mathrm{m}}^{\mathrm{order}}(\{y_i^{(k)} = x_i\}) \tag{2-72}$$

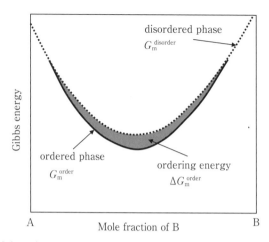

図2.16 式(2-71)による規則相と不規則相のギブスエネルギーの濃度依存性の模式図. 温度が規則化温度よりも低い場合.

この場合, $G_{\mathrm{m}}^{\mathrm{order}}(\{y_i^{(k)}\})$ は規則相 ($y_i^{(1)} \neq y_i^{(2)}$, A2/B2 変態では, B2 型化合物に相当する) のギブスエネルギー, $G_{\mathrm{m}}^{\mathrm{order}}(\{y_i^{(k)} = x_i\})$ は規則相が不規則化したとき ($y_i^{(1)} = y_i^{(2)} = x_i$) のギブスエネルギーで, 共に規則相のギブスエネルギー式である式(2-65), (2-66)を用いて与えられる. この規則相と不規則相のギブスエネルギーの関係を模式的に**図2.16**に示す.

2.12.1 2副格子

規則-不規則変態をする化合物として, 先に取り上げた B2 相を二つの副格子に分けた場合 $(\mathrm{A,B})_{0.5}(\mathrm{A,B})_{0.5}$ を考える. この場合, $G_{\mathrm{m}}^{\mathrm{order}}(\{y_i^{(k)}\})$ は規則相 ($y_i^{(1)} \neq y_i^{(2)}$, B2 型化合物に相当する) のギブスエネルギー, $G_{\mathrm{m}}^{\mathrm{order}}(\{y_i^{(k)} = x_i\})$ は規則相が不規則化したとき ($y_i^{(1)} = y_i^{(2)} = x_i$) のギブスエネルギーで, 共に規則相のギブスエネルギー式である式(2-65), (2-66)を用いて与えられる. 式(2-71)の利点は, 不規則相が準安定相のため実験データがなくても, 規則相の実験データが既知の場合には, 近似的に $G_{\mathrm{m}}^{\mathrm{disorder}}(\{x_i\}) = G_{\mathrm{m}}^{\mathrm{order}}(\{y_i^{(k)} = x_i\})$ により不規則相のギブスエネルギーを与えることができる (逆に不規則相から規則相のギブスエネルギーを類することも可能である). 例えば, A-B 二元系における A2/B2 変態の場合には, R-K 級数の $n=0$ までを考えると, B2 規則相の

2.12 規則-不規則変態をする化合物のギブスエネルギー

ギブスエネルギー $G_m^{\text{order}}(\{y_i^{(k)}=x_i\})$ は式(2-65)，(2-66)より

$$G_m^{\text{order}}(\{y_i^{(k)}=x_i\})=G_m^{\text{B2}}=\sum_{i=A}^{B}\sum_{j=A}^{B}x_ix_j\,{}^0G_{i:j}^{\text{B2}}+RT\sum_{i=A}^{B}x_i\ln x_i$$

$$+x_Ax_B\sum_{i=A}^{B}x_iL_{A,B:i}^{(0)}+x_Ax_B\sum_{i=A}^{B}x_iL_{i:A,B}^{(0)}+x_A^2x_B^2L_{A,B:A,B}^{(0)}\quad(2\text{-}73)$$

ここで，式(2-65)，(2-66)とは異なり，右辺の各パラメーターは対相互作用パラメーター $w_{i:j}$ で与えることに注意が必要である（付録 A2，A3 参照）．二つの副格子が同じ結晶格子（単純立方格子）であり，第一近接相互作用と第二近接相互作用が独立とすると，

$$^0G_{A:B}^{\text{B2}}={}^0G_{B:A}^{\text{B2}}$$

$$L_{A,B:A}^{(0)}=L_{A,B:B}^{(0)}=L_{A,B:*}^{(0)}$$

$$L_{A:A,B}^{(0)}=L_{B:A,B}^{(0)}=L_{*:A,B}^{(0)}$$

$$L_{A,B:*}^{(0)}=L_{*:A,B}^{(0)}\quad(2\text{-}74)$$

ここで，$*$はパラメーターがその副格子を占める成分に依存しないことを意味している（第二近接 A-B 対相互作用は$*$印の副格子の原子種に依存しない）．したがって，式(2-73)は，

$$G_m^{\text{order}}(\{y_i^{(k)}=x_i\})=x_A^2\,{}^0G_{A:A}^{\text{B2}}+x_B^2\,{}^0G_{B:B}^{\text{B2}}+2x_Ax_B\,{}^0G_{A:B}^{\text{B2}}+RT(x_A\ln x_A+x_B\ln x_B)$$

$$+2x_Ax_BL_{A,B:*}^{(0)}+x_A^2x_B^2L_{A,B:A,B}^{(0)}\quad(2\text{-}75)$$

これが A2 相（不規則相）のギブスエネルギー式(2-47)と等しくなればよい．純物質からの寄与を表す，右辺第一，第二項の組成依存性が式(2-75)と(2-76)で異なっているが，規則相のパラメーターを対相互作用パラメーター $w_{i,j}$ で与えることで両者は一致する（付録 A2 参照）．R-K 級数で組成の 4 乗項が現れる $n=2$ まで考えれば，

$$G_m^{\text{disorder}}=x_A\,{}^0G_m^{\text{A2-A}}+x_B\,{}^0G_m^{\text{A2-B}}+RT(x_A\ln x_A+x_B\ln x_B)$$

$$+x_Ax_B[L_{A,B}^{(0)}+L_{A,B}^{(1)}(x_A-x_B)+L_{A,B}^{(2)}(x_A-x_B)^2]$$

$$=G_m^{\text{order}}(\{y_i^{(k)}=x_i\})\quad(2\text{-}76)$$

式(2-75)，(2-76)から B2 相のパラメーターと A2 固溶体相の R-K 級数項との関係は以下のように導くことができる（付録 A3 参照）．

$$L_{A,B}^{(0)}=2\,{}^0G_m^{\text{A}_{0.5}\text{B}_{0.5}}+2L_{A,B:*}^{(0)}+\frac{1}{4}L_{A,B:A,B}^{(0)}$$

$$L_{A,B}^{(1)}=0$$

$$L_{\mathrm{A,B}}^{(2)} = -\frac{1}{4} L_{\mathrm{A,B:A,B}}^{(0)} \tag{2-77}$$

ここで，右辺の規則相のパラメーターは対相互作用パラメーターで与える点に注意すること．この関係式を用いることで，もし規則相か不規則相の一方の相だけが平衡状態図に表れる場合でも，規則相のパラメーターから不規則相のパラメーターを類推する（または逆）ことが可能である．この関係式は式(2-66)でR-K級数（または溶体相のR-K級数項の数）をどこまで考慮するかに依存するため，その合金系に必要なパラメーター間の関係式を $G_{\mathrm{m}}^{\mathrm{disorder}} = G_{\mathrm{m}}^{\mathrm{order}}$ ($\{y_i^{(k)} = x_i\}$) により導く必要がある．また，対結合エネルギー $u_{i:j}$ ではなく，対相互作用パラメーター $w_{i:j}$ を用いてエンドメンバー（2.9節参照）のギブスエネルギーを記述することで，純物質の寄与が $G_{\mathrm{m}}^{\mathrm{order\text{-}split}} = G_{\mathrm{m}}^{\mathrm{disorder}}(\{x_i\}) + \Delta G_{\mathrm{m}}^{\mathrm{order}}$ の関係によりキャンセルされる（付録A4参照）．したがって，式(2-67)の右辺第三項は $^0G_{\mathrm{A:B}}^{\mathrm{B2}} = ^0G_{\mathrm{m}}^{\mathrm{A_{0.5}B_{0.5}}}(=4w_{\mathrm{A:B}})$ と与える．第4章の熱力学アセスメントにおいてもこれらの対相互作用パラメーターとR-K級数項との関係を用いている．

第二近接相互作用が無視できれば（$L_{\mathrm{A,B:*}}^{(0)} \simeq 0$），あとはレシプロカルパラメーターと対相互作用パラメーターとの関係がわかれば，式(2-77)から不規則相のR-K級数を決めることができる．したがって，対相互作用パラメーターを決めるだけで，規則-不規則変態の状態図を計算することができる．ここではレシプロカルパラメーターを0として規則-不規則変態の計算を行うことにする（レシプロカルパラメーターの物理的意味は2.13節で取り上げる）．純物質のギブスエネルギーを0（$^0G_{\mathrm{m}}^{\mathrm{A2\text{-}A}} = ^0G_{\mathrm{m}}^{\mathrm{A2\text{-}B}} = ^0G_{\mathrm{A:A}}^{\mathrm{B2}} = ^0G_{\mathrm{B:B}}^{\mathrm{B2}} = 0$）とし，$\Delta G_{\mathrm{m}}^{\mathrm{order}}$ と $G_{\mathrm{m}}^{\mathrm{disorder}}$ の計算には次のパラメーターを用いた．

$$^0G_{\mathrm{A:A}}^{\mathrm{B2}} = ^0G_{\mathrm{B:B}}^{\mathrm{B2}} = 0$$

$$^0G_{\mathrm{A:B}}^{\mathrm{B2}} = ^0G_{\mathrm{B:A}}^{\mathrm{B2}} = 4w_{\mathrm{A:B}}$$

$$^0G_{\mathrm{m}}^{\mathrm{A2\text{-}A}} = ^0G_{\mathrm{m}}^{\mathrm{A2\text{-}B}} = 0$$

$$L_{\mathrm{A,B}}^{(0)} = 2^0G_{\mathrm{m}}^{\mathrm{A_{0.5}B_{0.5}}} = 8w_{\mathrm{A:B}}$$

$$L_{\mathrm{A,B}}^{(1)} = L_{\mathrm{A,B}}^{(2)} = 0 \tag{2-78}$$

図2.17（a）は，$w_{\mathrm{A:B}} = -1\,\mathrm{kJ\,mol^{-1}}$ としたときの規則-不規則変態線である．図の縦軸は，対相互作用パラメーターで無次元化した温度である．1：1

2.12 規則-不規則変態をする化合物のギブスエネルギー　　69

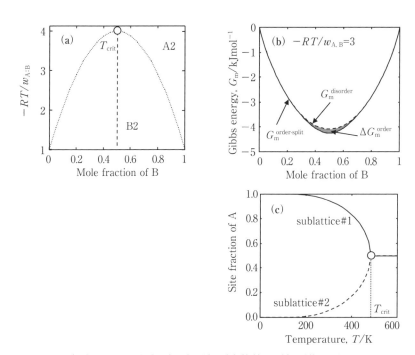

図 2.17　（a）A-B 二元系の規則-不規則変態線．対相互作用パラメーターを $w_{AB}=-1\,\mathrm{kJ\,mol^{-1}}$ とした場合の計算結果．（b）規格化温度（$-RT/w_{A:B}=3$）におけるギブスエネルギー．（c）A-50 at% B 合金の副格子濃度の温度依存性[D7].

組成においてピーク（$-RT/w_{A:B}=4$）を持つ曲線となる．図 2.17（b）は，規格化温度 $-RT/w_{A:B}=3$ における規則相，不規則相，規則化のギブスエネルギー，図 2.17（c）は A-50 at% B 合金の副格子濃度の温度依存性である．T_{crit} は規則不規則変態の臨界温度であり，次の条件から求められる（図 2.14 参照）．

$$\left[\frac{\partial^2 G_{\mathrm{m}}^{\mathrm{order}}}{(\partial y_{\mathrm{A}}^{(1)})^2}\right]_T = 0 \tag{2-79}$$

ここで，$G_{\mathrm{m}}^{\mathrm{order}}$ の独立変数は温度 T と副格子濃度 $y_{\mathrm{A}}^{(1)}, y_{\mathrm{B}}^{(1)}, y_{\mathrm{A}}^{(2)}, y_{\mathrm{B}}^{(2)}$ のうちの一つである．ここでは $y_{\mathrm{A}}^{(1)}$ としている．長範囲規則度を $\eta = y_{\mathrm{A}}^{(1)} - y_{\mathrm{A}}^{(2)} = 2y_{\mathrm{A}}^{(1)} - 1$ と定義すると，規則化した場合 $y_{\mathrm{A}}^{(1)} = 1, 0$ には，$\eta = \pm 1$，不規則化した場合

$y_A^{(1)}=1/2$ には，$\eta=0$ となる．規則-不規則変態点は副格子の区別がなくなるため $y_i^{(1)}=y_i^{(2)}=x_i$ であり，

$$T_{\text{crit}} = -\frac{4}{R}x_A x_B\,{}^0G_{A:B}^{B2} = -\frac{16}{R}x_A x_B w_{A:B} \tag{2-80}$$

図 2.17（a）の A-50 at% B 合金の臨界温度は，481 K（$T_{\text{crit}}=-4w_{A:B}/R$）になる．

2.12.2 4副格子

2.12.1 項では二つの単純立方格子からなる副格子へと副格子分けを行った場合について述べてきたが，ここでは fcc における 4 副格子モデルについて取り上げる．fcc 構造に対しては，$L1_2$-AB_3，$L1_0$-AB，$L1_2$-A_3B，$A1$-(A,B) の四つの相を一つのギブスエネルギー関数で表すことができる（図 2.18 に fcc 相に対する副格子分けを示す）．ここでは取り上げないが，bcc 基の化合物に対しても 4 副格子モデルを用いることができ，この場合には $D0_3$-AB_3，$B2$-AB，$D0_3$-A_3B，$A2$-(A,B) の四つの相（図 2.19 参照）を一つのギブスエネルギー関

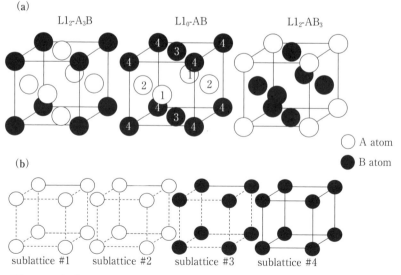

図 2.18 （a）$L1_2$-A_3B，$L1_0$-AB，$L1_2$-AB_3 化合物の結晶構造．$L1_0$-AB の各原子に付けられている番号は（b）の副格子に対応している[D7]．

数で記述することができる.

図 2.18（b）に示したそれぞれの副格子は同じ格子定数を持つ単純立方格子となる．規則相（L1$_0$，L1$_2$ 相）のギブスエネルギー $G_{\mathrm{m}}^{\mathrm{order}}$ は，B2 相と同様に，不規則相のギブスエネルギー（この場合は fcc_A1 固溶体）$G_{\mathrm{m}}^{\mathrm{disorder}}(\{x_i\})$ と規則化のギブスエネルギー $\Delta G_{\mathrm{m}}^{\mathrm{order}}$ の和で与えられる（$G_{\mathrm{m}}^{\mathrm{order\text{-}split}}=G_{\mathrm{m}}^{\mathrm{disorder}}(\{x_i\})+\Delta G_{\mathrm{m}}^{\mathrm{order}}$）．前節の A2/B2 の取り扱いとの違いは，この場合の $G_{\mathrm{m}}^{\mathrm{order}}(\{y_i^{(k)}\})$ は，2 副格子ではなく，4 副格子で記述される点である．A-B 二元系に対しては，

$$
\begin{aligned}
G_{\mathrm{m}}^{\mathrm{order}} =& \sum_{i=\mathrm{A}}^{\mathrm{B}}\sum_{j=\mathrm{A}}^{\mathrm{B}}\sum_{k=\mathrm{A}}^{\mathrm{B}}\sum_{l=\mathrm{A}}^{\mathrm{B}} y_i^{(1)}y_j^{(2)}y_k^{(3)}y_l^{(4)}\,{}^0G_{i:j:k:l}+RT\sum_{v=1}^{4}\sum_{i=\mathrm{A}}^{\mathrm{B}}N^{(v)}y_i^{(v)}\ln y_i^{(v)}\\
&+\sum_{i=\mathrm{A}}^{\mathrm{B}}\sum_{j>i} y_i^{(1)}y_j^{(1)}\Big(\sum_{k,l,m} y_k^{(2)}y_l^{(3)}y_m^{(4)}L_{i,j:k:l:m}^{(0)}\Big)\\
&+\sum_{i=\mathrm{A}}^{\mathrm{B}}\sum_{j>i} y_i^{(2)}y_j^{(2)}\Big(\sum_{k,l,m} y_k^{(1)}y_l^{(3)}y_m^{(4)}L_{k:i,j:l:m}^{(0)}\Big)\\
&+\sum_{i=\mathrm{A}}^{\mathrm{B}}\sum_{j>i} y_i^{(3)}y_j^{(3)}\Big(\sum_{k,l,m} y_k^{(1)}y_l^{(2)}y_m^{(4)}L_{k:l:i,j:m}^{(0)}\Big)\\
&+\sum_{i=\mathrm{A}}^{\mathrm{B}}\sum_{j>i} y_i^{(4)}y_j^{(4)}\Big(\sum_{k,l,m} y_k^{(1)}y_l^{(2)}y_m^{(3)}L_{k:l:m:i,j}^{(0)}\Big)\\
&+\sum_{i=\mathrm{A}}^{\mathrm{B}}\sum_{j>i}\sum_{k=\mathrm{A}}^{\mathrm{B}}\sum_{l>k} y_i^{(1)}y_j^{(1)}y_k^{(2)}y_l^{(2)}\Big(\sum_{p,q} y_p^{(3)}y_q^{(4)}L_{i,j:k,l:p:q}^{(0)}\Big)+\cdots\\
&+\sum_{i=\mathrm{A}}^{\mathrm{B}}\sum_{j>i}\sum_{k=\mathrm{A}}^{\mathrm{B}}\sum_{l>k}\sum_{p=\mathrm{A}}^{\mathrm{B}}\sum_{q>p} y_i^{(1)}y_j^{(1)}y_k^{(2)}y_l^{(2)}y_p^{(3)}y_q^{(3)}\Big(\sum_{r} y_r^{(4)}L_{i,j:k,l:p,q:r}^{(0)}\Big)+\cdots\\
&+\sum_{i=\mathrm{A}}^{\mathrm{B}}\sum_{j>i}\sum_{k=\mathrm{A}}^{\mathrm{B}}\sum_{l>k}\sum_{p=\mathrm{A}}^{\mathrm{B}}\sum_{q>p}\sum_{r=\mathrm{A}}^{\mathrm{B}}\sum_{s>r} y_i^{(1)}y_j^{(1)}y_k^{(2)}y_l^{(2)}y_p^{(3)}y_q^{(3)}y_r^{(4)}y_s^{(4)}L_{i,j:k,l:p,q:r,s}^{(0)}
\end{aligned}
$$

$$(2\text{-}81)$$

ここで，右辺第三項以降は R-K 級数の $n=0$ 項のみを示しているが，高次項が用いられている場合は少ない．また，右辺の第 7 項の L はレシプロカルパラメーター（2.10 節参照）と呼ばれ，2.13 節で取り上げる．第 8 項，第 9 項以降の項は，短範囲規則化よりも小さなギブスエネルギーへの寄与になるが，熱力学アセスメントにおいて，これまでにこれらの項が用いられた例はない．ここでは，式(2-81)を次のように単純化して 4 副格子モデルにおける規則-不規則変態を考えることにする．式(2-81)の右辺第 8 項以降は無視し，レシプロカルパラメーターには副格子(＊)を占める原子種に依存しないと仮定し，次式

(a) A2 (four sublattices)　　(b) B2

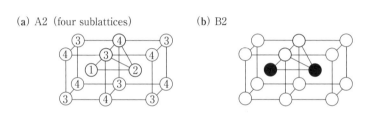

(d) L2$_1$　　(c) D0$_3$

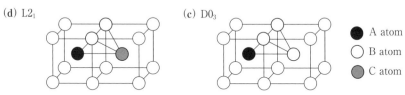

● A atom
○ B atom
● C atom

図 2.19 bcc 基の規則構造と 4 副格子．（a）4 副格子への分け方（番号はそれぞれの副格子を表す）．2.15 節で示す fcc 相と異なり副格子 1-2, 3-4 間が第二近接になる，（b）B2 構造（副格子 #1, #2 が元素 A, 副格子 #3, #4 が元素 B），（c）D0$_3$ 構造（副格子 #1 が A, そのほかは B），（d）三元化合物である L2$_1$ 相（ホイスラー相とも呼ぶ，副格子 #1 は A, 副格子 #2 は C, 副格子 #3, #4 は B が占める）．

を用いる．

$$L^{(0)}_{A,B:A,B:*:*} = L^{(0)}_{A,B:A,B:A:A} = L^{(0)}_{A,B:A,B:A:B} = L^{(0)}_{A,B:A,B:B:A} = L^{(0)}_{A,B:A,B:B:B} \quad (2\text{-}82)$$

式(2-81)は，

$$\begin{aligned}
G^{\text{order}}_{\text{m}} =& \sum_{i=A}^{B}\sum_{j=A}^{B}\sum_{k=A}^{B}\sum_{l=A}^{B} y_i^{(1)} y_j^{(2)} y_k^{(3)} y_l^{(4)} \,{}^0G_{i:j:k:l} + RT\sum_{v=1}^{4}\sum_{i=A}^{B} N^{(v)} y_i^{(v)} \ln y_i^{(v)} \\
&+ y_A^{(1)} y_B^{(1)} y_A^{(2)} y_B^{(2)} L^{(0)}_{A,B:A,B:*:*} + y_A^{(1)} y_B^{(1)} y_A^{(3)} y_B^{(3)} L^{(0)}_{A,B:*:A,B:*} \\
&+ y_A^{(1)} y_B^{(1)} y_A^{(4)} y_B^{(4)} L^{(0)}_{A,B:*:*:A,B} + y_A^{(2)} y_B^{(2)} y_A^{(3)} y_B^{(3)} L^{(0)}_{*:A,B:A,B:*} \\
&+ y_A^{(2)} y_B^{(2)} y_A^{(4)} y_B^{(4)} L^{(0)}_{*:A,B:*:A,B} + y_A^{(3)} y_B^{(3)} y_A^{(4)} y_B^{(4)} L^{(0)}_{*:*:A,B:A,B} \quad (2\text{-}83)
\end{aligned}$$

となる．レシプロカルパラメーターに式(2-82)が用いられている場合が多いが，$L^{(0)}_{i,j:k,l:*:*}$ 項の濃度依存性を決めるだけの十分な実験データが揃っている合金系に対しては，その濃度依存性を考慮して決定されている場合もある（例えば Au-Cu[17] や Ni-Pt[18] 二元系状態図など）．

化合物のギブスエネルギー $^0G_{A:B:B:B}$ は，副格子 #1 は元素 A, その他の三つの副格子は元素 B のみで占められている構造を表しており，AB$_3$(L1$_2$) に対応

する．同様に $^0G_{A:A:B:B}$ は $AB(L1_0)$，$^0G_{A:A:A:B}$ は $A_3B(L1_2)$ となる．式 (2-71) は，A2/B2 変態の場合と同様に，fcc 固溶体（不規則相）のギブスエネルギーも含んでいることから，一つのギブスエネルギー関数で四つの相のギブスエネルギーを表すことができることになる．二元系では，エンドメンバーの数は 16 種類になるが，それぞれの副格子は同じ単純立方格子であるため，それぞれを入れ替えても同じ化合物に対応していなければならない．すなわち，次式の関係が成り立たなければならない．

$$^0G_{A:A:A:B} = {}^0G_{A:A:B:A} = {}^0G_{A:B:A:A} = {}^0G_{B:A:A:A}$$

$$^0G_{A:B:B:B} = {}^0G_{B:A:B:B} = {}^0G_{B:B:A:B} = {}^0G_{B:B:B:A}$$

$$^0G_{A:A:B:B} = {}^0G_{A:B:A:B} = {}^0G_{A:B:B:A} = {}^0G_{B:A:A:B} = {}^0G_{B:A:B:A} = {}^0G_{B:B:A:A} \tag{2-84}$$

残りの二つのエンドメンバーは $^0G_{A:A:A:A}$，$^0G_{B:B:B:B}$ 純物質 A，B に対応している．同様にレシプロカルパラメーターに対しては，

$$L^{(0)}_{A,B:A,B:*:*} = L^{(0)}_{A,B:*:A,B:*} = L^{(0)}_{A,B:*:*:A,B} = L^{(0)}_{*:A,B:A,B:*} = L^{(0)}_{*:A,B:*:A,B} = L^{(0)}_{*:*:A,B:A,B} \tag{2-85}$$

また，最近接位置にある異種原子対の数から，化合物のギブスエネルギーは対相互作用パラメーターを用いて，

$$^0G_{i:j:k:l} = \sum_{m=1}^{4} \sum_{n>m}^{4} \sum_{p=A}^{B} \sum_{q=A}^{B} z^{(m,n)} \frac{N^{(m)}}{N} y_p^{(m)} y_q^{(n)} w_{p:q} \tag{2-86}$$

ここで，$z^{(m,n)}$ は m 副格子周りの n 副格子サイトの配位数である．4 副格子に分けた場合（図 2.18 参照）には四つの副格子が同じ単純立方格子であるため，

$$z^{(m,n)} = 4$$
$$z^{(m,m)} = 0$$
$$N = 1$$
$$N^{(m)} = \frac{1}{4} \tag{2-87}$$

例えば，$L1_2$-A_3B 構造（$A:A:A:B$）に対しては，$y_A^{(1)} = y_A^{(2)} = y_A^{(3)} = y_B^{(4)} = 1$（その他のサイトフラクションは 0）であるので，$w_{A:A} = 0$ に注意すると，

$$^0G_{A:A:A:B} = w_{A:B}\left[z^{(1,4)} \frac{N^{(1)}}{N} y_A^{(1)} y_B^{(4)} + z^{(2,4)} \frac{N^{(2)}}{N} y_A^{(2)} y_B^{(4)} + z^{(3,4)} \frac{N^{(3)}}{N} y_A^{(3)} y_B^{(4)} \right]$$

$$= 3w_{A:B} \tag{2-88}$$

L1$_0$-AB, L1$_2$-AB$_3$ に対しても同様に求めると,

$^0G_{\text{A:A:A:B}} = {}^0G_{\text{A:A:B:A}} = {}^0G_{\text{A:B:A:A}} = {}^0G_{\text{B:A:A:A}} = 3w_{\text{A:B}}$

$^0G_{\text{A:B:B:B}} = {}^0G_{\text{B:A:B:B}} = {}^0G_{\text{B:B:A:B}} = {}^0G_{\text{B:B:B:A}} = 3w_{\text{A:B}}$

$^0G_{\text{A:A:B:B}} = {}^0G_{\text{A:B:A:B}} = {}^0G_{\text{A:B:B:A}} = {}^0G_{\text{B:A:A:B}} = {}^0G_{\text{B:A:B:A}} = {}^0G_{\text{B:B:A:A}} = 4w_{\text{A:B}}$ (2-89)

この場合,式(2-76)の各パラメーター(右辺の第一項と第二項)とR-K級数項との関係は,2.12節で行ったA2/B2における取り扱いと同様(付録A3参照)に,$G_{\text{m}}^{\text{disorder}}(\{x_i\}) = G_{\text{m}}^{\text{order}}(\{y_i^{(n)} = x_i\})$ を用いて(ここでdisorderはA1相,orderはL1$_0$またはL1$_2$相である),式次で与えられる.

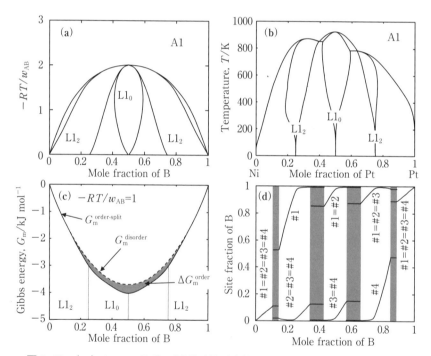

図 2.20 (a) A-B二元系の規則不規則変態線.対相互作用パラメーターを $w_{\text{AB}} = -1\,\text{kJ mol}^{-1}$ とした場合の計算結果.(b) Ni-Pt二元系状態図.L1$_2$-L1$_0$-L1$_2$ が実際に現れる.(c) 規格化温度($-RT/w_{\text{A:B}} = 1$)におけるギブスエネルギー.(d) 規格化温度($-RT/w_{\text{A:B}} = 1$)における副格子濃度の組成依存性.#n は副格子の番号を表す[D7].

2.12 規則-不規則変態をする化合物のギブスエネルギー

$$\begin{pmatrix} L_{A,B}^{(0)} \\ L_{A,B}^{(1)} \\ L_{A,B}^{(2)} \end{pmatrix} = \begin{pmatrix} 1 & 3/2 & 1 & 3/2 \\ 2 & 0 & -2 & 0 \\ 1 & -3/2 & 1 & -3/2 \end{pmatrix} \begin{pmatrix} {}^0G_{A:A:A:B} \\ {}^0G_{A:A:B:B} \\ {}^0G_{A:B:B:B} \\ L_{A,B:A,B:*:*}^{(0)} \end{pmatrix} \quad (2\text{-}90)$$

式(2-90)を用いれば，A2/B2変態の場合と同様に（レシプロカルパラメーターを0とすれば），不規則相のR-K級数を対相互作用パラメーターで記述でき，規則不規則変態の状態図を計算することができる．計算に必要なパラメーターは対相互作用エネルギーのみで，ここでは $w_{A:B} = -1\,\mathrm{kJ\,mol^{-1}}$ とした．また，純物質のギブスエネルギーは0としている（${}^0G_m^{A1-A} = {}^0G_m^{A1-B} = {}^0G_{A:A:A:A} = {}^0G_{B:B:B:B} = 0$）．

図2.20（a）は規則-不規則変態の計算結果である．1：1組成にL1$_0$-AB，左右にL1$_2$-A$_3$B，L1$_2$-AB$_3$規則相が表れる．このとき相境界は1：1組成で

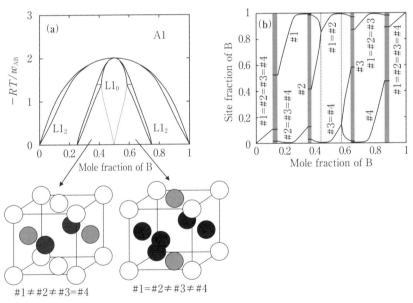

図2.21 （a）A-B二元系の規則不規則変態線．対相互作用パラメーターを $w_{AB} = -1\,\mathrm{kJ\,mol^{-1}}$ とした場合の計算状態図とL1$_2$-L1$_0$の間に現れる結晶構造（○はA原子，●はB原子，◐はA，B原子が混合している）．（b）規格化温度（$-RT/w_{A:B} = 1$）における各副格子上のB原子濃度の変化．

ピーク（$-RT/w_{A:B}=2$）を持つ．図 2.20（b）は，実際の Ni-Pt 二元系における相境界である．図 2.20（a）と比較すると，ピークが一つになっているなど定性的に相境界の形が大きく異なっていることがわかる．図 2.20（c）は，規則相，不規則相，規則化のギブスエネルギーである．各化合物の組成近傍で規則相のギブスエネルギー曲線が僅かに下にずれている．図 2.20（d）は規格化温度（$-RT/w_{A:B}=1$）における副格子濃度の組成依存性である．異なる規則構造が現れることにより，副格子濃度が変化してゆくことがわかる（図中の #n は副格子の番号である）．

ここで与えた条件下（$w_{A:B}=-1\,\mathrm{kJ\,mol^{-1}}$）では，本来は**図 2.21** に示すように，低温域で L1$_0$ と L1$_2$ の中間の構造（#1$\neq$#2$\neq$#3$=$#4 と #1$=$#2$\neq$#3$\neq$#4）が現れるがここでは L1$_0$-L1$_2$ 相のみを考慮している．詳細は文献[19]に詳しい．PANDAT や CatCalc では，相を除外しない限り最安定平衡が計算されるが，Thermo-Calc では，副格子濃度の初期値を選ぶことで，この準安定平衡状態図を得ることができ，この多様な平衡計算に対応できる柔軟性が Thermo-Calc の特徴である．

2.13　短範囲規則度

これまで取り扱ってきた（準）正則溶体モデル，副格子モデルでは，固溶体相中の原子の配置はランダムであると仮定していたが，原子半径が異なる元素の混合や，異種（同種）原子間に強い引力（斥力）相互作用が働いているなどの場合には，ある原子の周りの原子配置に着目すると，完全にランダムではなく，ランダム配置から期待されるよりも同種原子（または異種原子）が見つかる確率が高くなる．これを，短範囲規則化（Short Range Ordering : SRO）と呼び，ランダム配置を仮定した場合に比べ，短範囲規則化の存在によりギブスエネルギーが低下する．熱力学データベースに含まれている多くの合金系においては，この短範囲規則化の効果は，過剰ギブスエネルギーを表す R-K 級数項（式(2-48)，(2-66)，(2-81)）の中に含まれている．しかし，規則-不規則変態など，不規則相中の短範囲規則化の影響が大きい相変態を記述するには，その影響を陽に取り入れた熱力学モデルが必要となる．B-W-G 近似（短範囲

2.13 短範囲規則度 77

規則化がない原子のランダム混合を仮定する場合）では短範囲規則化を取り扱えなかったが，ここで示すようにレシプロカルパラメーターにより短範囲規則化によるギブスエネルギー変化が記述できることが示されてから[20]，近年ではCALPHAD法による熱力学アセスメントにおいて，積極的にレシプロカルパラメーターを用いてその効果を取り入れる試みがなされるようになってきた（これまではレシプロカルパラメーターは，物理的意味のあいまいな，熱力学アセスメントにおけるフィッティングパラメーターとして用いられることが多かった）．さらに，レシプロカルパラメーターによってSROの影響を取り入れることで，図2.20（a），（b）に見られるような相境界の幾何学的形状の違いが解消されることも，この取り扱いの大きな利点である．

　短範囲規則化の効果を求めるには，ランダム配置ではなく，ある原子の隣にどの原子が配置するのかという情報を持った，少なくとも原子対よりも大きなクラスターの存在確率を考慮しなければならない．ここでは擬化学モデル（Quasi chemical model）を用いる．A–B間に引力型の相互作用がある場合，A–B二元系固溶体において，A原子の周りの最近接位置にB原子がある確率はランダム分布から期待される値（$x_A x_B$）よりも大きくなる．これは，A原子の最近接位置にあるA原子がB原子と位置を入れ替わりAB対ができていることに相当し，すなわち，次の化学式でこの仮想的な反応を表現することができる（実際に化学反応が生じているのではないため擬化学モデルと呼んでいる）．

$$AA + BB \Leftrightarrow AB + BA \tag{2-91}$$

このときの溶体相のギブスエネルギーを求めるには，ランダム配置からのずれを考慮してエンタルピー，配置のエントロピーを記述する．対確率までを考慮したA–B固溶体相のギブスエネルギー G_m^{pair} は次式で与えられている[21,22]．なお右辺の括弧内第二項は配置のエントロピーに対する短範囲規則化の効果を表していることに注意しよう*．

---

* 　配置のエントロピー S_m は次式を元に与えられる[22]．

$$S_m = -\frac{zR}{2} \sum_{i=A}^{B} \sum_{j=A}^{B} p_{i:j} \ln(p_{i:j})$$

$$G_{\mathrm{m}}^{\mathrm{pair}} = \sum_{i=\mathrm{A}}^{\mathrm{B}} \sum_{j=\mathrm{A}}^{\mathrm{B}} \sum_{m=1}^{v} \sum_{n>1}^{v} z^{(m,n)} \frac{N^{(m)}}{N} p_{i:j}^{(m,n)} w_{i:j}$$

$$+ RT \left[\sum_{m=1}^{v} \sum_{i=\mathrm{A}}^{\mathrm{B}} \frac{N^{(m)}}{N} y_i^{(m)} \ln y_i^{(m)} + \sum_{i=\mathrm{A}}^{\mathrm{B}} \sum_{j=\mathrm{A}}^{\mathrm{B}} \sum_{m=1}^{v} \sum_{n>m}^{v} z^{(m,n)} \frac{N^{(m)}}{N} p_{i:j}^{(m,n)} \ln \left(\frac{p_{i:j}^{(m,n)}}{{}^0 p_{i:j}^{(m,n)}} \right) \right]$$

$$(2\text{-}92)$$

ここで，$z^{(m,n)}$ は m 副格子周りの第一近接位置にある n 副格子点の配位数である．N は全格子点の数（1 mol とする），$N^{(m)}$ は m 副格子上の格子点のモル数である．$w_{i:j}$ は第一近接位置にある原子 i と原子 j の対相互作用パラメーターであり，最近接原子対の結合エネルギー u を用いて

$$w_{i:j} = u_{i:j} - \frac{u_{i:i} + u_{j:j}}{2} \tag{2-93}$$

で与えられる．$p_{i:j}^{(m,n)}$ は副格子 m 上の原子 i と副格子 n 上の原子 j の対確率，${}^0 p_{i:j}^{(m,n)}$ はランダム分布を仮定したときに期待される副格子 m 上の原子 i と副格子 n 上の原子 j の対確率であり ${}^0 p_{i:j}^{(m,n)} = y_i^{(m)} y_j^{(n)}$ で与えられる．配置がランダム（$p_{i:j}^{(m,n)} = y_i^{(m)} y_j^{(n)}$）であれば右辺カッコ内の第二項は 0 になり，B-W-G 近似による配置のエントロピー項（式(2-62)）と一致する．したがって第二項は，ランダム配置からのずれを表している．ここで，m-n 副格子内でのランダム配置から期待される対確率との差として m-n 副格子間の短範囲規則度 ε を次式で定義する．ただし $i \neq j$ とし，${}^0 p_{i:i}^{(m,n)}$, ${}^0 p_{i:j}^{(m,n)}$ は ${}^0 p_{i:i}^{(m,n)} + {}^0 p_{i:j}^{(m,n)} = y_i^{(m)}$ を満足する．

$$p_{i:i}^{(m,n)} = y_i^{(m)} y_i^{(n)} - \varepsilon = {}^0 p_{i:i}^{(m,n)} - \varepsilon$$
$$p_{i:j}^{(m,n)} = y_i^{(m)} y_j^{(n)} + \varepsilon = {}^0 p_{i:j}^{(m,n)} + \varepsilon$$
$$p_{j:i}^{(m,n)} = y_j^{(m)} y_i^{(n)} + \varepsilon = {}^0 p_{j:i}^{(m,n)} + \varepsilon$$
$$p_{j:j}^{(m,n)} = y_j^{(m)} y_j^{(n)} - \varepsilon = {}^0 p_{j:j}^{(m,n)} - \varepsilon \tag{2-94}$$

ε は，異種原子対の形成傾向がある場合（規則相などの化合物形成傾向がある）には正の値を取り，ランダム分布から期待されるよりも大きくなった分の異種原子対確率を意味している．また，相分離傾向がある場合には負となり，この場合には同種原子対確率が大きくなる．ここで定義した ε は，広く用いられている Warren-Cowley の短範囲規則度 $\varepsilon_{\mathrm{W\text{-}C}}$ と次の関係がある．

$$\varepsilon_{\mathrm{W\text{-}C}} = 1 - \frac{p_{i:j}^{(m,n)}}{y_i^{(m)} y_j^{(n)}}$$

$$\varepsilon = -y_i^{(m)} y_j^{(n)} \varepsilon_{\text{W-C}} \tag{2-95}$$

例えば完全相分離の場合, $p_{i:i}^{(m,n)} = 1$, $p_{i:j}^{(m,n)} = 0$ であり, $\varepsilon = y_i^{(m)} y_i^{(n)} - 1$, $\varepsilon_{\text{W-C}} = 1$ となる.

式 (2-94) を式 (2-92) に代入し, 平衡状態では $\partial G_{\text{m}}^{\text{pair}} / \partial \varepsilon = 0$ が成り立つので, 短範囲規則度とそのギブスエネルギーへの寄与はそれぞれ次式で与えられる (導出は付録 A5 参照).

$$\varepsilon = \frac{-w_{\text{A:B}}}{RT} \frac{\displaystyle\sum_{i=\text{A}}^{\text{B}} \sum_{j=\text{A}}^{\text{B}} \sum_{m=1}^{v} \sum_{n>m}^{v} 1}{\displaystyle\sum_{m=1}^{v} \sum_{n>m}^{v} \frac{1}{{}^0 p_{\text{B:A}}^{(m,n)} \, {}^0 p_{\text{A:B}}^{(m,n)}}}$$

$$\Delta G_{\text{m}}^{\text{SRO}} = \frac{-z'N'w_{\text{A:B}}^2}{2RT} \frac{\left(\displaystyle\sum_{i=\text{A}}^{\text{B}} \sum_{j=\text{A}}^{\text{B}} \sum_{m=1}^{v} \sum_{n>m}^{v} 1\right)^2}{\displaystyle\sum_{m=1}^{v} \sum_{n>m}^{v} \frac{1}{{}^0 p_{\text{B:A}}^{(m,n)} \, {}^0 p_{\text{A:B}}^{(m,n)}}} \tag{2-96}$$

次節では, 実際に 2 副格子モデル（A2/B2）と 4 副格子モデル（A1/L1$_2$/L1$_0$）を用いて状態図を計算する.

2.13.1　2 副格子モデル

ここでは図 2.11 に示した A2/B2 規則-不規則変態を考える. したがって, $N^{(k)}$ は k 副格子上の格子点のモル数で 2 副格子に分割しているので $v=2$, $N^{(k)}/N = N' = 1/2$ である. 配位数は $z'=8$. これを用いて式 (2-96) は,

$$\varepsilon = -{}^0 p_{\text{B:A}}^{(1,2)} \, {}^0 p_{\text{A:B}}^{(1,2)} \frac{2w_{\text{A:B}}}{RT}$$

$$\Delta G_{\text{m}}^{\text{SRO}} = -{}^0 p_{\text{B:A}}^{(1,2)} \, {}^0 p_{\text{A:B}}^{(1,2)} \frac{8w_{\text{A:B}}^2}{RT} \tag{2-97}$$

式 (2-66) と式 (2-97) の係数を比較すると, $\Delta G_{\text{m}}^{\text{SRO}}$ とレシプロカルパラメーター $L_{\text{A,B:A,B}}^{(0)}$ と次の関係があることがわかる.

$$L_{\text{A,B:A,B}}^{(0)} = -\frac{8w_{\text{A:B}}^2}{RT} \tag{2-98}$$

式 (2-97) において T が分母にあることから, 温度が $T=0\,\text{K}$ に近づくに従って $\Delta G_{\text{m}}^{\text{SRO}}$ は, 急激に負で大きくなることがわかる（式 (2-82) の右辺第三項以降が負で大きくなるため, 右辺第一項による規則化よりも, 混合したほう

がエネルギーが低くなる). すなわち, 相互作用パラメーターがゼロでない限
り, 低温域で不規則相が規則相よりも安定となってしまう (対相互作用が引力
型の場合, 通常は温度が下がるとエンタルピー項がエントロピー項の寄与より
も大きくなり規則化が進む). 相互作用パラメーターが負の場合には, 規則相
が安定となるはずの低温域で不規則相が再び安定化し, 正の場合には, 溶解度
差により相分離していた不規則相が低温域で再び混合し単相となる. この矛盾
を避けるためには, ある温度以下では $L_{A,B:A,B}^{(0)}$ を温度に依存しない一定値で与
える方法もあるが, 次の取り扱いによりレシプロカルパラメーターに温度に依
存しない近似値を用いることが多い. 近似値としては, 1:1 組成の二元系合
金の T_c におけるレシプロカルパラメーターの値を便宜的に用いる. 1:1 組成
における規則-不規則変態温度 T_c は式(2-80)で与えられる. すなわち,

$$T_c = -\frac{4w_{A:B}}{R} \tag{2-99}$$

式(2-99)を式(2-98)に代入すると

$$L_{A,B:A,B}^{(0)} = 2w_{A:B} \tag{2-100}$$

これは, T_c における ΔG_m^{SRO} を用いて短範囲規則化の効果を代表させることに
相当する. レシプロカルパラメーターは, 短範囲規則度などの実験データがあ
れば, それを頼りに決めることができるが, 実際には, そのような実験データ
がある場合はかなり限られている. したがって, その場合には式(2-98)や式
(2-100)を用いればよい.

ここで, 規則-不規則変態の実際の計算例として, A-B 二元系における
B2 (規則相) $\Leftrightarrow$ A2 (不規則相) の変態を取り上げる (結晶構造は図2.11 参
照). 式(2-66)の過剰ギブスエネルギーは, レシプロカルパラメーター $L_{A,B:A,B}^{B2}$
のみ ($L_{A,B:*}^{B2} = L_{*:A,B}^{B2} = 0$) とすると, B2 規則相のギブスエネルギー式(2-65),
(2-66)は式(2-101)と書ける.

$$G_m^{order} = \sum_i \sum_j y_i^{(1)} y_j^{(2)} {}^0G_{i:j}^{B2} + \frac{RT}{2} \sum_{k=1}^{2} \sum_i y_i^{(k)} \ln y_i^{(k)} + y_A^{(1)} y_B^{(1)} y_A^{(2)} y_B^{(2)} L_{A,B:A,B}^{B2}$$

$$\tag{2-101}$$

式(2-47)で与えられる不規則相 (A2 相) のギブスエネルギーは, 過剰ギブス
エネルギーに式(2-77)の関係を用いると,

2.13 短範囲規則度

$$^0G_{\mathrm{m}}^{\mathrm{disorder}} = \sum_{i=\mathrm{A}}^{\mathrm{B}} x_i\,^0G_{\mathrm{m}}^{\mathrm{A2-}i} + RT\sum_{i=\mathrm{A}}^{\mathrm{B}} x_i \ln x_i$$

$$+ x_{\mathrm{A}}x_{\mathrm{B}}\left[\left(2\,^0G_{\mathrm{A:B}}^{\mathrm{B2}} - \frac{1}{4}L_{\mathrm{A,B:A,B}}^{\mathrm{B2}}\right) - \frac{1}{4}L_{\mathrm{A,B:A,B}}^{\mathrm{B2}}(x_{\mathrm{A}} - x_{\mathrm{B}})^2\right] \quad (2\text{-}102)$$

ここで, $^0G_{\mathrm{m}}^{\mathrm{A2-}i}$ は A2 構造を持つ純物質 i のギブスエネルギーである．この場合, B2 化合物のギブスエネルギー $^0G_{\mathrm{A:B}}^{\mathrm{B2}}$ は最近接配位数 $z=8$ なので, 対相互作用パラメーター $w_{\mathrm{A:B}}$ を用いて表すと,

$$^0G_{\mathrm{A:B}}^{\mathrm{B2}} = {^0G_{\mathrm{B:A}}^{\mathrm{B2}}} = 4w_{\mathrm{A:B}} \quad (2\text{-}103)$$

レシプロカルパラメーターは式(2-100)で与える．ここで純物質のギブスエネ

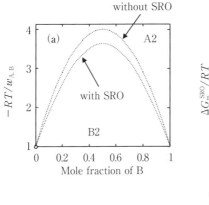

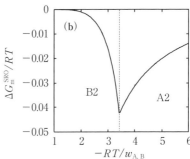

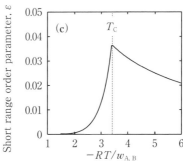

図 2.22 （a）A-B 二元系の規則不規則変態線．短範囲規則度の効果により低下する．（b）A-50 at% B 合金の短範囲規則度によるギブスエネルギーの寄与（変態点で最も大きくなる）．（c）短範囲規則度の温度依存性．これらは対相互作用パラメーターを $w_{\mathrm{A:B}} = -1\,\mathrm{kJ\,mol^{-1}}$ とした場合の計算結果．

ルギーは $^0G_{A:A}^{B2}=^0G_{B:B}^{B2}=^0G_m^{A2-A}=^0G_m^{A2-B}=0$ である。式(2-102)中の A2 不規則相の R-K 級数項は，対相互作用パラメーターを用いて，

$$L_{A,B}^{(0)}=2^0G_{A:B}^{B2}+\frac{1}{4}L_{A,B:A,B}^{B2}=8.5w_{A:B}$$

$$L_{A,B}^{(1)}=0$$

$$L_{A,B}^{(2)}=-\frac{1}{4}L_{A,B:A,B}^{B2}=-0.5w_{A:B} \tag{2-104}$$

対相互作用パラメーターは，$w_{A:B}=-1\,\mathrm{kJmol^{-1}}$ とした．

A2/B2 の相境界の計算結果を**図 2.22（a）**に示す．短範囲規則度を考慮することで，1：1 組成において規則-不規則転移温度が $-4w_{A:B}/R$ から低下することがわかる．SRO によるギブスエネルギーは変態点で最小値を取る（図2.22（b））．B2 規則相が完全に規則化した場合（$y_A^{(1)}=y_B^{(2)}=1, y_B^{(1)}=y_A^{(2)}=0$）には，式(2-97)で与えられる ΔG_m^{SRO} はゼロになる．一方，二次の規則-不規則変態点において組成は $y_A^{(1)}=y_A^{(2)}=x_A,\ y_B^{(1)}=y_B^{(2)}=x_B$ であるため，不規則相の ΔG_m^{SRO} と一致する（ギブスエネルギーの濃度による一階微分は連続であるため）．この傾向は，短範囲規則度も同じである（図2.22（c））．

2.13.2　4 副格子モデル

A2/B2 の場合と同様に式(2-92)を用いる．ここでは，fcc 格子を 4 副格子に分けているので，$z^{(m,n)}$ は 4（$z'=4$）．N は全格子点の数（1 mol とする），$N^{(m)}$ は m 副格子上の格子点のモル数で 4 副格子に分割しているので $N^{(m)}/N=N'=1/4$ である．この場合，式(2-96)は，

$$\varepsilon=\frac{-12w_{A:B}}{RT}\frac{1}{\displaystyle\sum_{m=1}^{v}\sum_{n>m}^{v}\frac{1}{^0p_{B:A}^{(m,n)}\,^0p_{A:B}^{(m,n)}}}$$

$$\Delta G_m^{SRO}=\frac{-72w_{A:B}^2}{RT}\frac{1}{\displaystyle\sum_{m=1}^{v}\sum_{n>m}^{v}\frac{1}{^0p_{B:A}^{(m,n)}\,^0p_{A:B}^{(m,n)}}} \tag{2-105}$$

レシプロカルパラメーターは，1：1 組成の二元系合金の T_C における値を用いると（付録 A5 参照），

$$L_{A,B:A,B:*:*}^{(0)}=w_{A:B} \tag{2-106}$$

2.13 短範囲規則度

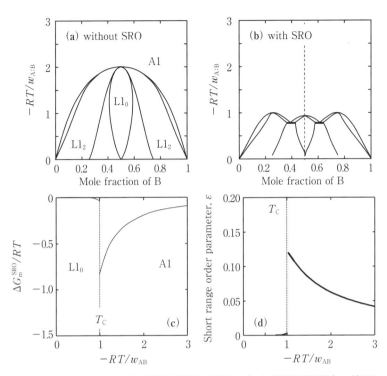

図 2.23 （a）A-B 二元系の規則不規則変態線.（b）短範囲規則度の効果により相境界が大きく変化する.（c）A-50 at% B 合金の短範囲規則度によるギブスエネルギーの寄与.（d）短範囲規則度の温度依存性.これらは対相互作用パラメーターを $w_{AB}=-1\,\mathrm{kJ\,mol^{-1}}$ とした場合の計算結果.

式(2-89)より，

$$^0G_{A:A:A:B}={}^0G_{A:A:B:A}={}^0G_{A:B:A:A}={}^0G_{B:A:A:A}=3w_{A:B}$$

$$^0G_{A:B:B:B}={}^0G_{B:A:B:B}={}^0G_{B:B:A:B}={}^0G_{B:B:B:A}=3w_{A:B}$$

$$^0G_{A:A:B:B}={}^0G_{A:B:A:B}={}^0G_{A:B:B:A}={}^0G_{B:A:A:B}={}^0G_{B:A:B:A}={}^0G_{B:B:A:A}=4w_{A:B}$$

$$^0G_{A:A:A:A}={}^0G_{B:B:B:B}=0 \tag{2-107}$$

レシプロカルパラメーターに対しては式(2-89)と同様に

$$L^{(0)}_{A,B:A,B:*:*}=L^{(0)}_{A,B:*:A,B:*}=L^{(0)}_{A,B:*:*:A,B}=L^{(0)}_{*:A,B:A,B:*}=L^{(0)}_{*:A,B:*:A,B}=L^{(0)}_{*:*:A,B:A,B}=w_{A:B} \tag{2-108}$$

式(2-90)から，不規則相の R-K 級数項は，

$$L_{A,B}^{(0)} = 13.5w_{A:B}$$

$$L_{A,B}^{(1)} = 0$$

$$L_{A,B}^{(2)} = -1.5w_{A:B} \tag{2-109}$$

この規則-不規則変態状態図の計算に必要なパラメーターは $w_{A:B} = -1\,\text{kJ mol}^{-1}$ のみである.

計算結果を**図2.23**(b)に示す.短範囲規則度を考慮しない場合の状態図(図2.23(a))と比較すると,レシプロカルパラメーターを導入することで,定性的により実際の状態図(図2.20(b)のNi-Pt二元系状態図[18])に近い規則-不規則変態を再現できる.また,短範囲規則度とそれによるギブスエネルギー変化分は,不規則相において大きくなる(図2.23(c),(d)).また,図2.22(a)と図2.23(a),(b)を比較するとbcc基の規則-不規則変態(A2/B2)が変態温度は低下するが,定性的に相境界の形が変わらないのに対して,fcc基においてはその影響が大きいことがわかるだろう.これは,レシプロカルパラメーターの近似値が異なるため(fccのほうが規則-不規則変態温度 T_C が低いため ΔG_m^{SRO} がより大きな値になる)と,fccでは配位数が1.5倍になるためである.

2.14　液相中の短範囲規則度

通常,液相の過剰ギブスエネルギーは式(2-48)で与えられるが,液相中の短範囲規則化傾向が大きい合金系に対しては,その効果を陽に取り入れた熱力学モデルが提案されている.液相中の混合が完全にランダムであり過剰ギブスエネルギーが $L_{A,B}^{(0)}$ のみで表される正則溶体は実際には少なく,過剰ギブスエネルギーは,より複雑な組成依存性を持っている.

例えば,**図2.24**(a)に示したFe-S二元系のようにFeS化合物が現れる組成域で液相の混合のエンタルピーが急峻な変化する場合(図2.24(b))には,それを表現するために多くのR-K級数項が必要となる.このような正則溶体からのずれの主因は,液相中の短範囲規則化であると考えられており,あまり規則化が大きくなければR-K級数を用いても液相の混合のギブスエネルギーの組成依存性を表現することは可能であるが,このFe-S二元系のような

2.14 液相中の短範囲規則度

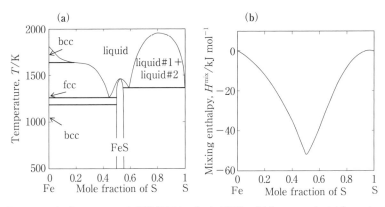

図 2.24 （a）Fe-S 二元系状態図と（b）液相の混合のエンタルピー．1：1 組成（FeS）で鋭いピークを持つ[D7]．

強い組成依存性がある場合には，短範囲規則化の効果を陽に取り入れた熱力学モデルが必要となる．ここでは，そのような熱力学モデルとして会合溶体モデル（Associate solution model または Association model と呼ばれている）[23]を取り上げる．この熱力学モデルは，擬化学モデルのような対確率を考慮する必要がないため，取り扱いが容易で種々の熱力学計算ソフトウェアに取り入れられている．

まず，A-B 二元系合金の液相を考え，液相中で A-B 間に強い引力型相互作用があると仮定する．この場合，強い引力型相互作用のためそれぞれの原子の近くに別種の原子が見つかる確率が高くなっているはずである．例えば，酢酸水溶液中の酢酸分子はある配置（水素結合ができる配置）で隣り合うことで大きく安定化する．これらを会合体（Associate）と呼んでいる．そこで，A-B 二元系合金液相に対しても，A-B 間に強い引力型の相互作用があれば，液相中に i 個の A 原子，j 個の B 原子からなる A_iB_j という会合体の存在を仮定できるだろう．この場合の会合体とは，分子ほど結合が強くない仮想的な A_iB_j 分子のようなものである．すなわち，次の反応が生じていると仮定する．

$$iA + jB \Leftrightarrow A_iB_j \tag{2-110}$$

n_A モルの A 原子と n_B モルの B 原子を混合したときに，式(2-110)の反応により n'_C モルの会合体 C が形成されるとする．ここで，全体の原子数 n は $n = n_A + n_B = 1$ mol とする．n'_C モルの会合体が形成されることにより，溶体中の原子

AとBの数は減少し，それぞれ n'_A, n'_B になり，溶体中の成分 A，B，C の全モル数 n' は次式で与えられる．

$$n'_A = n_A - in'_C$$
$$n'_B = n_B - jn'_C$$
$$n' = n'_A + n'_B + n'_C \tag{2-111}$$

この会合溶液のギブスエネルギーは，

$$G_m^{liq} = \sum_i n'_i \, {}^0G_m^{liq \cdot i} + RT\sum_i n'_i \ln \frac{n'_i}{n'} + G_m^{excess} \tag{2-112}$$

ここで，${}^0G_m^{liq \cdot i}$ ($i=$A, B) は純物質 i のギブスエネルギー，${}^0G_m^{liq \cdot C}$ は会合体 C の生成ギブスエネルギーである．右辺第三項の過剰ギブスエネルギーは，次式で与えられる．

$$G_m^{excess} = \frac{1}{n'}\sum_i \sum_{j>i} n'_i n'_j L_{i,j}^{(0)} \tag{2-113}$$

また，会合体濃度は（副格子を導入した場合と同様に）$\partial G_m^{liq}/\partial n'_C = 0$ により与えられる．この会合溶体モデルの適用例として，Ni-Zr 二元系[24]を取り上げる．

図 2.25（a）に Ni-Zr 二元系液相の混合のエンタルピーの組成依存性を示す．混合のエンタルピーは 40 at% Zr 付近で極小値を持ち正則溶体からのずれ（1:1 組成からのずれ）が大きいことがわかる．また，温度の低下に伴って，

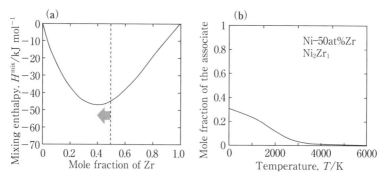

図 2.25（a）Ni-Zr 二元系液相の混合のエンタルピー．極小値が Ni-rich 側にあることから，液相中の短範囲規則化の効果が大きいことが示唆される．（b）液相中の会合体濃度の温度依存性（ここでは会合体として Ni_2Zr_1 を仮定している）．

図 2.25（b）に示すように，液相中の会合体濃度（Ni₂Zr₁）の増加が見られ，短範囲規則化が進んでいることを示している.

この会合溶体モデルの他にも，液相中の最近接原子の配置を考慮する擬化学モデルがあり，それを取り入れた熱力学計算ソフトウェアとしては FactSage がある．両モデルの使い分けとしては，会合溶体モデルは分子様の会合体を仮定できるほど比較的強い相互作用がある液相に向いているのに対して，擬化学モデル（2.13 節参照）は，例えば短範囲規則度の導出で用いたように，比較的規則化が弱い液相への適用が有効である.

2.15　純元素中の空孔

結晶中の原子の拡散機構にはいくつかの種類があるが[27]，それらの中で空孔拡散機構は活性化エネルギーが低く，種々の合金において主要な拡散機構となっていると考えられている．また，合金における析出過程に及ぼす影響などの重要性から，これまでに多くの実験が行われ，空孔濃度や空孔形成エネルギーなどの熱力学データが蓄積されてきた[28]．さらに，表 1.1 で取り上げたように析出過程のシミュレーションソフトウェアも市販されるようになり，空孔濃度やそのときのギブスエネルギー変化に関するより精密な記述が求められるようになってきた．そういった背景を受けて CALPHAD 法においては，これら空孔の取り扱いの定式化がすすめられ，空孔をギブスエネルギー関数に取り入れて，空孔を含めた相平衡計算が行われるようになってきた．本節では，近年進んできた CALPHAD 法における純元素中の単原子空孔，複空孔の取り扱い，そして単原子空孔に及ぼす磁気転移の影響について取り上げる.

2.15.1　単原子空孔を含む純元素のギブスエネルギー

ここでは，元素 A 中の単原子空孔を考える[29]．すなわち，

$$(A, Va)_p \tag{2-114}$$

ここで，Va は空孔，p は置換型格子点の全モル数である．このときに元素 A の量は 1 モルで一定である．したがって，元素 A，1 mol 当たりのギブスエネルギーは，

$$G_{\mathrm{m}}=\frac{1}{1-y_{\mathrm{Va}}}\left\{\begin{aligned}&y_{\mathrm{Va}}{}^{0}G_{\mathrm{m}}^{\mathrm{Va}}+(1-y_{\mathrm{Va}}){}^{0}G_{\mathrm{m}}^{\mathrm{A}}+RT\big[(1-y_{\mathrm{Va}})\ln(1-y_{\mathrm{Va}})+y_{\mathrm{Va}}\ln y_{\mathrm{Va}}\big]\\&+(1-y_{\mathrm{Va}})y_{\mathrm{Va}}L_{\mathrm{A,Va}}^{(0)}\end{aligned}\right\}$$

$$(2\text{-}115)$$

ここで，y_{Va} は空孔のモルフラクション，${}^{0}G_{\mathrm{m}}^{\mathrm{Va}}$ は空孔のみからなる空の構造の
ギブスエネルギー，${}^{0}G_{\mathrm{m}}^{\mathrm{A}}$ 純物質 A のギブスエネルギー，$L_{\mathrm{A,Va}}^{(0)}$ は元素 A と Va
間の相互作用パラメーターで右肩の添え字（0）は Redlich-Kister 級数の第 1
項を表している．T は絶対温度，R は気体定数である．熱平衡にある空孔のモ
ルフラクションは，温度・圧力一定の下で式(2-115)の極小値をとる点で与え
られる．すなわち，式(2-115)の極値を求めれば，

$$\frac{dG_{\mathrm{m}}}{dy_{\mathrm{Va}}}=\frac{1}{(1-y_{\mathrm{Va}})^{2}}{}^{0}G_{\mathrm{m}}^{\mathrm{Va}}+RT\frac{1}{(1-y_{\mathrm{Va}})^{2}}\ln y_{\mathrm{Va}}+L_{\mathrm{A,Va}}^{(0)}=0 \qquad (2\text{-}116)$$

となる．空孔濃度が十分に低い場合（$y_{\mathrm{Va}}\ll1$）には，式(2-115)，(2-116)か
ら，純物質に空孔を導入したことによるギブスエネルギーの変化分（ΔG_{m}）と
そのときの熱空孔濃度はそれぞれ次式で与えられる．

$$\Delta G_{\mathrm{m}}=RT\ln\Big[1-\exp\Big(-\frac{{}^{0}G_{\mathrm{m}}^{\mathrm{Va}}+L_{\mathrm{A,Va}}^{(0)}}{RT}\Big)\Big]+L_{\mathrm{A,Va}}^{(0)}\exp\Big(-\frac{{}^{0}G_{\mathrm{m}}^{\mathrm{Va}}+L_{\mathrm{A,Va}}^{(0)}}{RT}\Big) \quad (2\text{-}117)$$

$$y_{\mathrm{Va}}=\exp\Big(-\frac{{}^{0}G_{\mathrm{m}}^{\mathrm{Va}}+L_{\mathrm{A,Va}}^{(0)}}{RT}\Big) \qquad (2\text{-}118)$$

実験においては熱平衡にある空孔のモルフラクションは，アレニウスの式で
整理されており，空孔生成エンタルピー（H_{Va}^{f}）と空孔生成エントロピー
（S_{Va}^{f}）を用いて次式で与えられる．

$$y_{\mathrm{Va}}=\exp\Big(-\frac{G_{\mathrm{Va}}^{f}}{RT}\Big)=\exp\Big(\frac{S_{\mathrm{Va}}^{f}}{R}\Big)\exp\Big(-\frac{H_{\mathrm{Va}}^{f}}{RT}\Big) \qquad (2\text{-}119)$$

G_{Va}^{f} は空孔生成ギブスエネルギーである．空の構造のギブスエネルギーの与え
方については議論があるが，詳細は参考文献[29]に譲り，ここでは式(2-118)
中のパラメーターを以下のように与える．

$$\begin{aligned}{}^{0}G_{\mathrm{m}}^{\mathrm{Va}}&=+10RT\\L_{\mathrm{A,Va}}^{(0)}&=H_{\mathrm{Va}}^{f}-S_{\mathrm{Va}}^{f}T-{}^{0}G_{\mathrm{m}}^{\mathrm{Va}}\end{aligned} \qquad (2\text{-}120)$$

2.15 純元素中の空孔　89

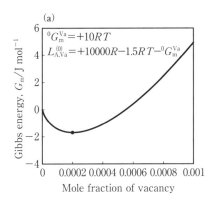

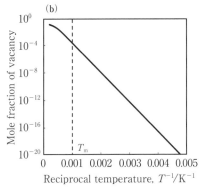

図 2.26　(a) 単原子空孔の導入に伴うギブスエネルギーの変化，(b) 空孔濃度の温度依存性．

式(2-120)を(2-118)に代入すれば明らかなように，空孔生成エンタルピーと空孔生成エントロピーは，$^0G_\mathrm{m}^\mathrm{Va}$ ではなく，$L_{\mathrm{A,Va}}^{(0)}$ で表現される．**図 2.26**（a）に 1000 K におけるギブスエネルギーと空孔濃度の関係を示す．元素 A の融点を 1000 K とし，用いたパラメーターを図中に示した．この場合空孔の導入によりギブスエネルギーは極値を持ち，ギブスエネルギーの低下分は $-1.7\,\mathrm{J\,mol^{-1}}$ 程度，平衡空孔濃度は 10^{-4} 程度になることがわかる．図 2.26（b）に空孔濃度の温度依存性を示す．式(2-117)，(2-118)の導出過程では，空孔濃度が十分に低いという仮定がされているが，融点近傍までよい近似になっていることが

わかるだろう．ただし，融点を超えて外挿する場合には，複空孔などの形成を考慮しなければならない．その取り扱いについては次節で取り上げる．

熱空孔に関するこれまでの研究では，融点近傍の特性が多く調べられており，純元素中の熱空孔の生成エンタルピーとその融点（T_m）には比例関係があることが知られている[30]．すなわち，次式の関係である．

$$H_{va}^f = cRT_m, \quad \mathrm{J\,mol^{-1}} \tag{2-121}$$

比例係数 c は，結晶構造によって多少異なるが約 10 程度になることが知られている．また，多くの報告で熱平衡にある空孔濃度は，物質によらず融点近傍では $\sim 10^{-3}$ 程度であるとされている．空孔生成エントロピーに関しては，融点との明確な相関は見られないが，多くの場合 S_{va}^f/R は 0〜5 程度の値[29]になっている．したがって，実験データの乏しい元素対しては，式(2-120)のパラメーターをこれらの関係より推定すればよいだろう．

2.15.2　複空孔の取り扱い[31, 32]

空孔濃度は，温度の上昇とともに高くなり，融点近傍では $\sim 10^{-3}$ 程度になることが知られている．また，低温であっても強加工により多くの空孔が導入されると，単原子空孔だけではなく，複空孔が形成されることが知られている．この複空孔を取り扱うための熱力学モデルとしては，空孔対を短範囲規則化として取り扱う副格子モデル，空孔対を会合体形成として取り扱う会合溶体モデル，複空孔の対確率を取り扱う擬化学モデルなどが考えられる．これらの熱力学モデルの中では，既存の熱力学データベースの拡張を考えると，副格子モデル，会合体モデルによる取り扱いが重要だろう．

短範囲規則化としての複空孔の取り扱いは，2.13 節の取り扱いを A-Va 二元系に適用すればよい．ただし，ギブスエネルギーが空孔を除いた原子 1 モルに対して与えられる点が異なっている．すなわち，式(2-115)の右辺の $(1-y_{va})^{-1}$ である．しかし，通常空孔濃度は $y_{va} \ll 1$ であり，$(1-y_{va})^{-1} \simeq 1$ と考えれば，2.13 節の取り扱いでよい近似になっていると考えられる．この場合の fcc 格子に対する短範囲規則度（すなわち空孔対形成）は，

$$p_{vv} = 6(y_{va}^2 - \varepsilon) \tag{2-122}$$

ここで p_{VV} は，空孔対のモルフラクションである．2.13 節の取り扱いを適用すると，短範囲規則度と短範囲規則化によるギブスエネルギー変化は，空孔-ホスト原子間の相互作用パラメーターを $w_{A,Va}$ として次式で与えられる．

$$\varepsilon = -y_A^2 y_{Va}^2 \frac{2w_{A,Va}}{RT}$$

$$\Delta G_m^{SRO} = -y_A^2 y_{Va}^2 \frac{12w_{A,Va}^2}{RT} \tag{2-123}$$

ここで y_{Va} は，複空孔を含む全空孔濃度を表しており，単原子空孔濃度 y_{Va}^{Mono} は，

$$y_{Va}^{Mono} = y_{Va} - 2p_{VV} \tag{2-124}$$

により求めることができる．

ここで複空孔の生成に関わるパラメーターを以下のように定義する．

$$^f G_A^{VV} = 2G_{Va}^f + G_A^{Bind\text{-}VV}$$

$$^f H_A^{VV} = 2H_{Va}^f + H_A^{Bind\text{-}VV}$$

$$^f S_A^{VV} = 2S_{Va}^f + S_A^{Bind\text{-}VV} \tag{2-125}$$

ここで，$^f G_A^{VV}, {}^f H_A^{VV}, {}^f S_A^{VV}$ はホスト元素 A 中の複空孔の生成ギブスエネルギー，生成エンタルピー，生成エントロピーである．$G_A^{Bind\text{-}VV}, H_A^{Bind\text{-}VV}, S_A^{Bind\text{-}VV}$ は空孔対の結合ギブスエネルギー，結合エンタルピー，結合エントロピーである．式(2-123)の相互作用パラメーターは，したがって

$$w_{A,Va} = -\frac{H_A^{Bind\text{-}VV}}{2} \tag{2-126}$$

で与えられる．短範囲規則化の効果を考慮するには，R-K 級数項に以下の関係式を加えればよい．

$$^{SRO} L_{A,Va}^{(0)} = -3\frac{w_{A,Va}^2}{RT}$$

$$^{SRO} L_{A,Va}^{(1)} = 0$$

$$^{SRO} L_{A,Va}^{(2)} = +3\frac{w_{A,Va}^2}{RT} \tag{2-127}$$

図 2.27 に，短範囲規則化モデルによる fcc 構造中の単原子空孔と複空孔，全空孔濃度の温度依存性を示す．T_m は元素 A の融点である．複空孔の生成は全空孔濃度に大きな影響を及ぼさないことがここからわかる．この結果からわ

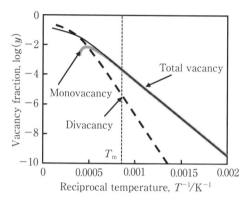

図 2.27 短範囲規則化モデルによる fcc 構造中の空孔濃度の温度依存性．全空孔濃度，単原子空孔，複空孔濃度の温度依存性である．ここで，T_m は元素 A の融点，空孔対の結合エネルギーは $H_\mathrm{A}^{\mathrm{Bind\text{-}VV}} = -0.2\,\mathrm{eV}$ とした[31]．

かるとおり，高温域では複空孔濃度が全体の空孔濃度を超えてしまう．これは，この短範囲規則化の取り扱いにおいて $\varepsilon \ll 1$ が仮定されていることによるものであり，短範囲規則度が大きくなる（複空孔濃度が高い）温度域では，この近似が成り立たないことを意味している．この取り扱いは，R-K 級数項に式(2-127)の効果を加えるだけで，複空孔の生成がギブスエネルギーに及ぼす影響を記述することが可能である点で，複空孔を取り扱う最も簡便な方法であるが，その適用範囲については注意が必要である．より高濃度の複空孔形成に対しては，次に述べる会合体による取り扱いが必要であり，次のように記述する．

$$(\mathrm{A}, \mathrm{Va}, \mathrm{VV})_p \tag{2-128}$$

ここで VV は二つの空孔からなる会合体である．このときのギブスエネルギーは次式で与えられる．

$$
G_{\mathrm{m}}^{\mathrm{Associate}} = \frac{1}{1 - y_{\mathrm{Va}} - y_{\mathrm{VV}}}
\begin{bmatrix}
y_{\mathrm{Va}} G_{\mathrm{m}}^{\mathrm{Va}} + y_{\mathrm{VV}} G_{\mathrm{m}}^{\mathrm{VV}} + (1 - y_{\mathrm{Va}} - y_{\mathrm{VV}}) G_{\mathrm{m}}^{\mathrm{A}} \\[4pt]
+ RT \left\{ \begin{array}{l} (1 - y_{\mathrm{Va}} - y_{\mathrm{VV}}) \ln(1 - y_{\mathrm{Va}} - y_{\mathrm{VV}}) \\ + y_{\mathrm{Va}} \ln y_{\mathrm{Va}} + y_{\mathrm{VV}} \ln y_{\mathrm{VV}} \end{array} \right\} \\[4pt]
+ (1 - y_{\mathrm{Va}} - y_{\mathrm{VV}}) y_{\mathrm{Va}} \sum_{k=0} (1 - 2y_{\mathrm{Va}} - y_{\mathrm{VV}})^{k} L_{\mathrm{A,Va}}^{(k)} \\[4pt]
+ (1 - y_{\mathrm{Va}} - y_{\mathrm{VV}}) y_{\mathrm{VV}} \sum_{k=0} (1 - y_{\mathrm{Va}} - 2y_{\mathrm{VV}})^{k} L_{\mathrm{A,VV}}^{(k)}
\end{bmatrix}
\tag{2-129}
$$

ここで y_{VV} は VV 会合体のモルフラクション，$G_{\mathrm{m}}^{\mathrm{VV}}$ は VV 会合体のみからなる空の構造に対するエンドメンバーのギブスエネルギー，$L_{\mathrm{A,VV}}^{(k)}$ は A と VV 間の相互作用パラメーターである．短範囲規則化の場合と異なり，このモデルでは y_{Va} は単原子空孔のみのモルフラクションを意味している．したがって，全空孔濃度は

$$
y_{\mathrm{Va}}^{\mathrm{Total}} = y_{\mathrm{Va}} + 2 y_{\mathrm{VV}}
\tag{2-130}
$$

により与えられる．複空孔濃度は，式(2-129)を複空孔濃度で微分して極値を求めることで得られる．

$$
\frac{\partial G_{\mathrm{m}}^{\mathrm{Associate}}}{\partial y_{\mathrm{VV}}} = \frac{1}{(1 - y_{\mathrm{VV}})^{2}} G_{\mathrm{m}}^{\mathrm{VV}} + RT \frac{1}{(1 - y_{\mathrm{VV}})^{2}} \ln y_{\mathrm{VV}}
$$
$$
+ \sum_{k=0} \left(1 - \frac{2 y_{\mathrm{VV}} k}{1 - 2 y_{\mathrm{VV}}} \right) (1 - 2 y_{\mathrm{VV}})^{k} L_{\mathrm{A,VV}}^{(k)}
\tag{2-131}
$$

平衡状態では $\partial G_{\mathrm{m}}^{\mathrm{Associate}} / \partial y_{\mathrm{VV}} = 0$ であり，$y_{\mathrm{VV}} \ll 1$ を考慮すると，

$$
y_{\mathrm{VV}} = \exp\left(-\frac{G_{\mathrm{m}}^{\mathrm{VV}} + L_{\mathrm{A,VV}}^{(0)}}{RT} \right)
\tag{2-132}
$$

会合体の生成ギブスエネルギー $^{f}G_{\mathrm{m}}^{\mathrm{VV}} = {^{f}H_{\mathrm{A}}^{\mathrm{Associate}}} - T {^{f}S_{\mathrm{A}}^{\mathrm{Associate}}}$ を用いると，

$$
y_{\mathrm{VV}} = \exp\left(\frac{{^{f}S_{\mathrm{A}}^{\mathrm{Associate \cdot VV}}}}{R} \right) \exp\left(-\frac{{^{f}H_{\mathrm{A}}^{\mathrm{Associate \cdot VV}}}}{RT} \right)
\tag{2-133}
$$

ここで，$^{f}H_{\mathrm{A}}^{\mathrm{Associate}}$ と $^{f}S_{\mathrm{A}}^{\mathrm{Associate}}$ は，会合体の生成エンタルピーと生成エントロピーである．fcc 格子に対しては，それぞれ次式で与えられる．

$$
\frac{{^{f}S_{\mathrm{A}}^{\mathrm{Associate}}}}{R} = \ln(6) + 2\frac{S_{\mathrm{Va}}^{f}}{R} + \frac{S_{\mathrm{A}}^{\mathrm{Bind \cdot VV}}}{R}
$$
$$
{^{f}H_{\mathrm{A}}^{\mathrm{Associate}}} = 2 H_{\mathrm{Va}}^{f} + H_{\mathrm{A}}^{\mathrm{Bind \cdot VV}}
\tag{2-134}
$$

ここで空の構造のギブスエネルギー $G_{\mathrm{m}}^{\mathrm{VV}}$ は，$G_{\mathrm{m}}^{\mathrm{Va}}$ の場合と同様に $+10RT$ と与

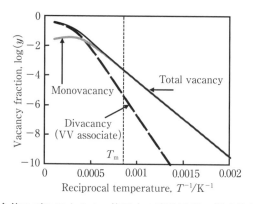

図 2.28 会合体モデルによる fcc 格子中の空孔濃度の温度依存性．全空孔濃度，単原子空孔，複空孔濃度の温度依存性である．ここで，T_m は元素 A の融点，空孔対の結合エネルギーは $H_A^{Bind\text{-}VV} = -0.2\,\mathrm{eV}$ とした[31].

えればよい．

図 2.28 に，会合体モデルによる fcc 格子中の単原子空孔と複空孔，全空孔濃度の温度依存性を示す．低温域では複空孔の生成は全空孔濃度に大きな影響を及ぼさないことがわかる．短範囲規則化としての取り扱いとは異なり，融点を超えた高温域において，複空孔濃度は全空孔濃度に漸近する挙動を示すことがわかる．したがってこれら高温域における空孔濃度の推定には，会合体モデルを用いるとよいだろう．

2.15.3 空孔形成に及ぼす磁気転移の影響[33]

多くの実験において，空孔生成エンタルピーや空孔生成エントロピーは，空孔濃度と温度の関係から求められているが，このときの測定温度範囲に磁気転移温度が含まれている場合や測定温度範囲が磁気転移温度に近い場合には，磁気転移が空孔生成に及ぼす影響を考慮する必要がある．CALPHAD 法においては，磁気転移による相のギブスエネルギー変化は，磁気過剰ギブスエネルギーとして，2.3 節で説明した Inden モデルを用いて記述されている．この Inden モデルは磁気転移に伴う λ 型の過剰比熱の温度依存性を級数項で記述するもので，定圧比熱の実験値が再現できるようにモデルのパラメーターである磁気転移温度と磁気モーメントが決められている．一般に純物質の比熱の実験

値の報告は多く，したがって空孔濃度を直接測定・解析する場合に比べて，磁気比熱を基礎とすることで空孔生成ギブスエネルギーに及ぼす磁気転移の影響をより広範な物質に対して検討できる．したがって，本節では，磁気過剰比熱から推定される熱空孔生成に及ぼす磁気転移の効果について考える．また，磁気転移温度は融点よりも十分低いことが多いため，複空孔の生成は考慮せずに単原子空孔のみを考える．

2.15.4 磁気過剰ギブスエネルギーを含む純元素のギブスエネルギー

2.15.1 節では，磁気転移のない場合の空孔の取り扱いを説明したが，本節では，磁気転移を持つ純元素を考え，その平衡空孔濃度に及ぼす影響について検討する．式(2-115)に磁気過剰ギブスエネルギー G_m^{Mag} を加えて次式で与えられる（右辺第 2 項）．

$$G_m = \frac{1}{1-y_{Va}}\left\{ \begin{array}{l} y_{Va}G_m^{Va}+(1-y_{Va})G_m^A+RT\big[(1-y_{Va})\ln(1-y_{Va})+y_{Va}\ln y_{Va}\big] \\ +(1-y_{Va})y_{Va}L_{A,Va}^{(0)} \end{array} \right\} + \frac{1}{1-y_{Va}}G_m^{Mag} \tag{2-135}$$

したがって，純物質のギブスエネルギーに空孔を考慮したことによるギブスエネルギーの変化分（ΔG_m）とそのときの平衡空孔濃度は，磁気過剰ギブスエネルギーの影響受けて変化する．2.15.1 節の取り扱いと同様に，空孔生成に伴うギブスエネルギー変化 ΔG_m と平衡空孔濃度は以下の式で与えられる．

$$\Delta G_m = RT \ln\Big[1-\exp\Big(-\frac{G_m^{Va}+L_{A,Va}^{(0)}+(\Delta G_{Mag})'}{RT}\Big)\Big] \tag{2-136}$$

$$y_{Va} = \exp\Big(-\frac{G_m^{Va}+L_{A,Va}^{(0)}+(\Delta G_{Mag})'}{RT}\Big) \tag{2-137}$$

ここで $(\Delta G_{Mag})'$ は，磁気過剰ギブスエネルギー項の空孔濃度に関する一次微分である．

$$(\Delta G_{\text{Mag}})' \equiv \frac{d}{dy_{\text{Va}}} \frac{G_{\text{m}}^{\text{Mag}}}{1 - y_{\text{Va}}} \tag{2-138}$$

Inden モデル（2.3 節を参照）におけるパラメーターである，熱力学的磁気モーメントと磁気転移温度は次式を用いる．

$$\beta = y_{\text{A}}\beta_{\text{A}} = \beta_{\text{A}}(1 - y_{\text{Va}})$$

$$T_{\text{C}} = y_{\text{A}}T_{\text{C}}^{\text{A}} = T_{\text{C}}^{\text{A}}(1 - y_{\text{Va}}) \tag{2-139}$$

ここで β_{A}, T_{C}^{A} は，純元素 A の磁気モーメントと磁気転移温度である．空格子点のみからなるエンドメンバーに対しては，磁気モーメントは 0，転移温度は 0 K と仮定している．式(2-139)を用いると磁気転移温度で規格化された温度 τ は，次式で与えられる．

$$\tau = \frac{T}{T_{\text{C}}} = \frac{T}{T_{\text{C}}^{\text{A}}}(1 - y_{\text{Va}})^{-1} \tag{2-140}$$

平衡空孔濃度に及ぼす磁気転移の効果を検討するには，式(2-135)の極値を求めればよい．式(2-138)は磁気転移温度よりも低温側（$\tau < 1$）では，

$$\frac{1}{RT}(\Delta G_{\text{Mag}})' = (1 - y_{\text{Va}})^{-2}\ln(\beta + 1)g(\tau) - \frac{\beta_{\text{A}}}{\beta + 1}(1 - y_{\text{Va}})^{-1}g(\tau)$$

$$+ \ln(\beta + 1)\frac{\dfrac{79}{140f}\tau^{-1} - \dfrac{474}{497}\Big(\dfrac{1}{f} - 1\Big)\Big(3\dfrac{\tau^3}{6} + 9\dfrac{\tau^9}{135} + 15\dfrac{\tau^{15}}{600}\Big)}{\dfrac{518}{1125} + \dfrac{11692}{15975}\Big(\dfrac{1}{f} - 1\Big)}(1 - y_{\text{Va}})^{-2}$$

$$\tag{2-141}$$

磁気転移温度よりも高温側（$\tau > 1$）では，

$$\frac{1}{RT}(\Delta G_{\text{Mag}})' = (1 - y_{\text{Va}})^{-2}\ln(\beta + 1)g(\tau) - \frac{\beta_{\text{A}}}{\beta + 1}(1 - y_{\text{Va}})^{-1}g(\tau)$$

$$+ \ln(\beta + 1)\frac{5\dfrac{\tau^{-5}}{10} + 15\dfrac{\tau^{-15}}{315} + 25\dfrac{\tau^{-25}}{1500}}{\dfrac{518}{1125} + \dfrac{11692}{15975}\Big(\dfrac{1}{f} - 1\Big)}(1 - y_{\text{Va}})^{-2} \tag{2-142}$$

で与えられる．式(2-141)，(2-142)を用いれば磁気過剰ギブスエネルギーを考慮した平衡空孔濃度を求めることができる．ここで，転移温度よりも十分に低い温度域（$\tau \ll 1$）で希薄溶体（$y_{\text{Va}} \ll 1$）を仮定すると，式(2-141)は，

2.15 純元素中の空孔

$$\frac{1}{RT}(\Delta G_{\text{Mag}})' = \ln(\beta+1)(1-K) - \frac{\beta_A}{\beta+1}(1-K) + \ln(\beta+1)K$$

$$= -\frac{\beta_A}{\beta+1} + \ln(\beta+1) + K\frac{\beta_A}{\beta+1} \qquad (2\text{-}143)$$

ここで K は,

$$K = \frac{\dfrac{79}{140f}\tau^{-1}}{\dfrac{518}{1125} + \dfrac{11692}{15975}\left(\dfrac{1}{f}-1\right)} \qquad (2\text{-}144)$$

である. したがって, 式 (2-139) を用いると, 磁気転移による空孔濃度の変化は,

$$\frac{^{\text{Mag}}y_{\text{Va}}}{^{0}y_{\text{Va}}} = \exp\left[\frac{\beta_A}{\beta_A+1} - \ln(\beta_A+1)\right]\exp\left(-K\frac{\beta_A}{\beta_A+1}\right) \qquad (2\text{-}145)$$

ここで $^{0}y_{\text{Va}}$ は, 磁気過剰ギブスエネルギーを考慮しない場合の平衡空孔フラクションで式 (2-118) で与えられる. $^{\text{Mag}}y_{\text{Va}}$ は磁気過剰ギブスエネルギーを考慮したときの平衡空孔フラクションである. 式 (2-145) で表される空孔濃度の比は, 磁気転移温度から低下するとともに急激に小さくなることがわかる.

式 (2-145) より, 磁気過剰ギブスエネルギーに起因するエントロピー変化は, $\ln\left(\dfrac{^{\text{Mag}}y_{\text{Va}}}{^{0}y_{\text{Va}}}\right)$-$\tau^{-1}$ 図における y 軸の切片で与えられ, 転移温度よりも十分に低い領域においては,

$$\frac{S_A^{\text{Mag}}}{R} = \frac{\beta_A}{\beta_A+1} - \ln(\beta_A+1) \qquad (2\text{-}146)$$

このときの直線の傾き, すなわち磁気過剰ギブスエネルギーに起因するエンタルピー変化は

$$H_A^{\text{Mag}} = \tau K T_C^A R \frac{\beta_A}{\beta_A+1} \qquad (2\text{-}147)$$

ここで τK は定数で, BCC で約 0.905, そのほかの結晶構造で約 0.860 になる.

一方で, 磁気転移温度よりも十分に温度が高い領域 ($\tau \gg 1$) で対しては $g(\tau)=0$ であり, 次式が得られる.

$$(\Delta G_{\text{Mag}})' = 0 \qquad (2\text{-}148)$$

したがって, 磁気過剰ギブスエネルギーによる空孔濃度の変化は次式で与えられ, 高温域では温度の上昇とともに磁気転移がない場合の空孔濃度に漸近す

97

98   第2章　熱力学モデル

る.

$$\frac{^{\mathrm{Mag}}y_{\mathrm{Va}}}{^{0}y_{\mathrm{Va}}}=1 \qquad (2\text{-}149)$$

　次に，全空孔生成エンタルピーに及ぼす磁気転移の効果の大きさを見積もっ
てみよう．空孔生成エンタルピーは，純物質の融点（T_{Melting}）とよい相関
（$^{f}H_{\mathrm{A}}=10RT_{\mathrm{Melting}}$）があることが知られており，式(2-147)を書き直すと次式
を得る．

$$H_{\mathrm{A}}^{\mathrm{Mag}}=\left(\tau K\,\frac{T_{\mathrm{C}}^{\mathrm{A}}}{T_{\mathrm{Melting}}}\,\frac{\beta_{\mathrm{A}}}{\beta_{\mathrm{A}}+1}\right)RT_{\mathrm{Melting}} \qquad (2\text{-}150)$$

　多くの場合，磁気転移温度は融点の半分以下，磁気モーメントは〜3程度で
あり，これらの値を代入すると，磁気転移に伴う空孔生成エンタルピーの増分
は，$H_{\mathrm{A}}^{\mathrm{Mag}}=0.3RT_{\mathrm{Melting}}$ 程度になる．したがって，磁気過剰ギブスエネルギー
の空孔生成エンタルピーに及ぼす影響は，全空孔生成エンタルピーの0〜3%
程度になると推定される．また，空孔生成エントロピーにおける磁気転移の影
響は0〜$-0.5R$程度，空孔生成エンタルピーにおける影響は0〜0.06 eV程度
の範囲になることが推定される．

2.15.5　αFe 中の空孔生成に及ぼす磁気転移の効果[33]

　純 Fe の比熱に関しては，これまでに多くの実験が行われており，それらの
結果を基に CALPHAD 法による熱力学解析が行われている．解析結果が集約
されている SGTE Unary データベース[34]では，bcc-Fe のギブスエネルギー
は次式で与えられている．

$$G_{\mathrm{m}}^{\mathrm{Fe}}=+1225.7+124.134T-23.5143T\ln(T)-4.39752\times10^{-3}T^{2}$$
$$-5.8927\times10^{-8}T^{3}+77359T^{-1}\ \mathrm{J\,mol^{-1}}\ (298.15\ \mathrm{K}\sim1811\ \mathrm{K})$$
$$\beta_{\mathrm{Fe}}=2.22$$
$$T_{\mathrm{C}}^{\mathrm{Fe}}=1043\ \mathrm{K}$$
$$T_{\mathrm{Melting}}^{\mathrm{Fe}}=1811\ \mathrm{K} \qquad (2\text{-}151)$$

ここでは，式(2-135)における空孔生成に関するパラメーターは，融点との関
係式[29, 30]を用いて次式で与えた．

$$L_{\mathrm{Fe,Va}}^{(0)}=+10RT_{\mathrm{Melting}}^{\mathrm{Fe}}-1.5RT-10RT\ \mathrm{J\,mol^{-1}} \qquad (2\text{-}152)$$

2.15 純元素中の空孔

図2.29に,空孔を含むギブスエネルギー式である式(2-120)から求めたbcc-Fe中の平衡空孔濃度の温度依存性を示す.磁気転移温度よりも高温側では,磁気転移を考慮しない場合の直線に漸近する傾向が見られる.一方,低温側では磁気過剰ギブスエネルギーにより空孔濃度が数桁低下していることがわかる.

磁気転移に起因する生成エンタルピーとエントロピーの変化は,式(2-146),(2-147)を用いると

$$\frac{S_{Fe}^{Mag}}{R} = \frac{\beta_{Fe}}{\beta_{Fe}+1} - \ln(\beta_{Fe}+1) = -0.48$$

$$H_{Fe}^{Mag} = \tau K R T_C^{Fe} \frac{\beta_{Fe}}{\beta_{Fe}+1} = +0.06 \text{ eV} \tag{2-153}$$

次に,空孔生成エンタルピーとエントロピーの温度依存性を図2.29に示したbcc-Feに対する平衡計算結果を用いてそれらを数値微分することで求めた.その結果を**図2.30(a),(b)**に示す.それぞれ,空孔生成エンタルピー,空孔生成エントロピーの温度依存性である.磁気転移により空孔生成エンタルピーは増加し,転移点近傍で磁気比熱の温度依存性に起因するλ型の変化を示すことがわかる.この温度依存性を反映して空孔生成エントロピーとエンタルピーも同様にλ型を示す.強磁性領域では,空孔生成エンタルピーは増加,エントロピーは低下する傾向を持つ.

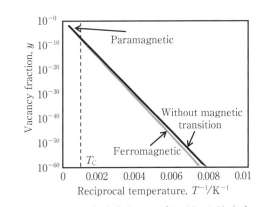

図2.29 bcc-Fe中の単原子空孔濃度に及ぼす磁気過剰ギブスエネルギーの影響.T_Cはキュリー温度.

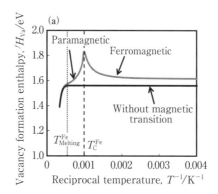

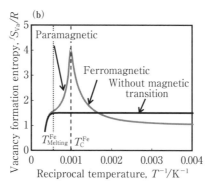

図 2.30 bcc-Fe 中の単原子空孔の（a）生成エンタルピーの温度依存性，（b）生成エントロピーの温度依存性．グレーの実線は磁気過剰ギブスエネルギーを考慮した場合，黒の実線は考慮しない場合．$T_\mathrm{Melting}^\mathrm{Fe}$ は bcc-Fe の融点，T_C^Fe は bcc-Fe のキュリー温度[33]．

SGTE Unary データベースに収録されている純元素のギブスエネルギーは，空孔を含まないギブスエネルギーの記述を用いて，融点や転移温度が再現されるように決められている．すなわち，ここで空孔を陽に導入することは空孔生成がギブスエネルギーに及ぼす効果を重複して考慮していることに相当する．この大きさは，図 2.26 に示したように融点近傍で数 J mol^{-1} 程度である．例えば，SGTE Unary データベースを用いた場合の bcc-Fe の融点は 1811.0 K であるが，空孔を陽に取り入れることで固相がわずかに安定化され 1811.4 K となる．

2.16 ま と め

本章では，CALPHAD 法において広く用いられているいくつかの熱力学モデルについて解説した．ここで紹介した熱力学モデルの特徴としては，どのギブスエネルギー関数もその系を構成する成分の濃度と相互作用パラメーターで記述されている点があげられるだろう．例えばより厳密な配置のエントロピーを与えることができるクラスター変分法[25]やクラスター・サイト近似[26]によるエントロピー項とB-W-G近似によるエントロピー項を比較すれば明らかであるが，それらの特徴は単純さであり，多くの元素からなる実用合金への適用を考えるときにそれは大きな利点となる．

今後は計算機の能力向上に伴って，より物理的に厳密なモデルが取り入れられるようになるだろう(PANDAT で導入されているクラスターサイト近似[26]など)．また，磁気過剰ギブスエネルギーの精密化や室温以下の低温域の比熱に対するデバイモデルの導入など，今後ギブスエネルギー関数の精密化がなされてゆくものと期待される．

また，図 2.17，2.19 を計算するための TDB ファイルは，計算状態図データベース：https://cpddb.nims.go.jp/からダウンロードできる．格子欠陥と拡散については，合わせて文献[27, 35]を参考にしてほしい．

参考文献

[1] J. Ågren, B. Cheynet, M. T. Clavaguera-Mora, K. Hack, J. Hertz, F. Sommer, U. Kattner : CALPHAD, **19** (1995), 449-480.

[2] F. D. Murnaghan : Proc. Natl. Acad. Sci., **30** (1944), 30.

[3] R. Grover, I. C. Getting, G. C. Kennedy : Phys. Rev. B, **7** (1973), 567.

[4] G. Inden : Physica, **103B** (1981), 82-100.

[5] 近角聡信, 太田恵造, 安達健五, 津屋　昇, 石川義和 編：磁性体ハンドブック, 朝倉書店 (2006).

[6] 志賀正幸：磁性入門-スピンから磁石まで-, 内田老鶴圃 (2007).

[7] J.-O. Andersson and B. Sundman : CALPHAD, **11** (1987), 83-92.

[8] C. Tsonopoulos : IChE Journal, **20** (1974), 263-272.

[9] 久保亮五：熱学・統計力学, 裳華房 (2007).

[10] 西沢泰二：ミクロ組織の熱力学, 日本金属学会 (2005).

[11] 長谷部光弘, 西沢泰二：日本金属学会報, **11** (1972) 879-891.

[12] Y.-M. Muggianu, M. Gambino and J.-P. Bros : J. Chim. Phys., **72** (1975), 83-88.

[13] L. Kaufman and H. Bernstein : Computaer calculation of phase diagrams, Academic Press (1970).

[14] M. Hillert : J. Alloy Compd., **320** (2001), 161-176.

[15] F. Neumann : Ann. Phys. Chem., **202** (1865), 123-142.

[16] J.-C. Crivello, M. Palumbo, T. Abe and J.-M. Joubert : CALPHAD, **34** (2010), 487-494.

[17] B. Sundman, S. G. Fries and W. A. Oats : CALPHAD, **22** (1998), 335-354.

[18] X.-G. Lu, B. Sundman and J. Agren : CALPHAD, **33** (2009), 450-456.

[19] A. Kusoffsky, N. Dupin and B. Sundman : CALPHAD, **25** (2001), 549-565.

[20] T. Abe and B. Sundman : CALPHAD, **27** (2003), 403-408.

[21] E. A. Guggenheim : Mixtures, Oxford (1952).

[22] M. Hillert : Phase equilibria, Phase diagrams and phase transformations, Cambridge, 1998.

[23] B. Predel, M. Hock and M. Pool : Phase diagrams and heterogeneous equilibria, Springer (2004).

[24] T. Abe, H. Onodera, M. Shimono and M. Ode : Mater. Trans., **46** (2005), 2838-2843.

[25] 菊池良一, 毛利哲雄：クラスター変分法, 森北出版 (1997).

参 考 文 献　　　　　　103

[26]　N. Saunders and A. P. Miodownik : CALPHAD-Calculation of phase diagrams-, Pergamon（1998）.

[27]　小岩昌宏, 中島英雄 : 材料学シリーズ, 材料における拡散, 内田老鶴圃 （2009）.

[28]　H. Ullmaier（Ed.）: Atomic defects in metals, Landolt-Börnstein-Group III Cond. Matt., Springer, Berlin（1991）.

[29]　T. Abe, M. Shimono and K. Hashimoto : Mater. Trans., **59**（2017）580-584.

[30]　H. Numakura, Physical Metallurgy, D. E. Laughlin and K. Hono（Eds.）: Elsevier, Oxford（2014）, 603.

[31]　T. Abe, M. Shimono, K. Hashimoto and C. Kocer : CALPHAD, **63**（2018）, 100-106.

[32]　T. Abe, M. Shimono, K. Hashimoto and C. Kocer : Data in Brief, **21**（2018）, 432-440.

[33]　阿部太一, 下野昌人, 中村健 : 鉄と鋼, **105**（2019）, In press.

[34]　SGTE Unary database version 5.0（2019）, http://www.crct.polymtl.ca/sgte/unary50. tdb（accessed 2019-06-27） SGTE Unary

[35]　幸田成康 : 金属物理学序論, コロナ社（1964）.

計算熱力学編

第3章

計算状態図

　ここでは，合金状態図と相互作用パラメーター Ω はどのように関連しているのか，そして状態図からどのような情報が得られるかについて，熱力学モデルを基にした計算状態図を用いて説明する．

　状態図を読めるようになるためには，状態図を見て各相のギブスエネルギーの組成依存性や温度依存性をイメージできるようになることが必要であり（ギブスエネルギー曲線のイメージ），そのためには熱力学モデルのパラメーターの変化と対応づけておくことが必要である．それによって状態図は単なる相境界を表した図以上に，その合金系の色々な特徴を知ることができる有益な道具として活用できるようになるだろう．

　なお本章では，断らない限り全てモル量（モルギブスエネルギー，モルフラクションなど）を用いることとする．またモルは，化合物 1 mol ではなく，原子 1 mol を用いる．

3.1　ギブスエネルギーと状態図の関係

3.1.1　理想溶体の状態図

　まず最も単純な状態図として，固相と液相の二つの相だけからなる，元素 A と元素 B の二元系状態図を考えよう．圧力は $P=10^5\,\text{Pa}$（1 気圧）で一定とする．両元素共に固相は同じ結晶構造が安定であるとする．また，固相，液相共に理想溶体とする．この場合，式(2-39)から固相と液相のギブスエネルギーは式(3-1)で与えられる． x_A と x_B はそれぞれの元素 A と B のモルフラクションで， $x_A+x_B=1$ である．

$$G_m^{sol}=x_A\,{}^0G_m^{sol\text{-}A}+x_B\,{}^0G_m^{sol\text{-}B}+RT[x_A\ln(x_A)+x_B\ln(x_B)]$$

105

$$G_m^{liq} = x_A \, ^0G_m^{liq\text{-}A} + x_B \, ^0G_m^{liq\text{-}B} + RT[x_A \ln(x_A) + x_B \ln(x_B)] \tag{3-1}$$

式(3-1)ではまだ，純物質のギブスエネルギーが未知数として残されている．ここでは，純物質の液相のギブスエネルギーを基準として固相のギブスエネルギーを与えることにする．融点 T_m では固相と液相のギブスエネルギーは等しいので，純物質 A の固相のギブスエネルギーは，

$$^0G_m^{sol\text{-}A} - \, ^0G_m^{liq\text{-}A} = \Delta H_m - \Delta S_m T_m = 0 \tag{3-2}$$

ここでは，ΔH_m と ΔS_m は融点における固相と液相のエンタルピー差とエントロピー差である．元素 A，B の融点をそれぞれ仮想的に 800 K，1200 K とし，リチャーズの経験則[1]

$$\Delta S_m = \frac{\Delta H_m}{T_m} \approx -R \tag{3-3}$$

を用いると，$\Delta S_m = -R$，$\Delta H_m = -RT_m$ となり，純物質 A，B の固相のギブスエネルギーは次のように決めることができる（符号が負なのは液相を基準としているためである）．ここで比熱は簡単のために液相と固相で変わらないと仮定している．以降の計算では，特に断らない限り，純物質 A，B の液相と固相のギブスエネルギーは，液相を基準（$^0G_m^{liq\text{-}i} = 0$）として与え，式(3-4)を用いる．

$$^0G_m^{sol\text{-}A} = R(T - T_m) = -800R + RT \quad \text{J mol}^{-1}$$
$$^0G_m^{sol\text{-}B} = R(T - T_m) = -1200R + RT \quad \text{J mol}^{-1}$$
$$^0G_m^{liq\text{-}A} = 0 \qquad\qquad\qquad\qquad\qquad \text{J mol}^{-1}$$
$$^0G_m^{liq\text{-}B} = 0 \qquad\qquad\qquad\qquad\qquad \text{J mol}^{-1} \tag{3-4}$$

次に，式(3-1)のギブスエネルギーを用いて相平衡を考えてみよう．**図 3.1**（a）に $T = 1200$ K における，固相と液相のギブスエネルギーの組成依存性を示す．

純 B 固相の融点は 1200 K であるので，純 B（$x_B = 1$）において液相と固相のギブスエネルギーが一致している（図 3.1（a）の点 1）．この温度では純 B 以外の全組成領域で液相のギブスエネルギーが固相よりも低く，液相が安定であることを意味している．次に純 B の融点（1200 K）よりも低い $T = 1000$ K における，ギブスエネルギーの組成依存性を図 3.1（b）に示す．B-rich 側では液相のギブスエネルギーに比べ固相のギブスエネルギーが低く（固相が安

定),A-rich 側では高くなっている(液相が安定).また,その中間の組成域の固相の組成 x_S,液相の組成 x_L において共通接線が引けることがわかるだろう.この A-B 二元系状態図を図 3.1(c)に示す(式(3-1),(3-4)を用いて計算を行った).固相において A と B が全ての割合で混合できることから,このタイプの状態図を全率固溶型と呼ぶ.状態図の相境界は,温度を変えてこの共通接線の組成(相平衡にある両相の組成,共役組成と呼ぶ)をプロットしたものであり,この平衡する組成を結んだ直線をタイライン(Tie line,共役線)と呼ぶ.レンズ状の部分では,固相と液相が共存状態(二相平衡)にあり,高温側の曲線を液相線(Liquidus,固相量が 0 となる線),低温側の曲線を固相線(Solidus,液相量が 0 となる線)と呼ぶ(ゼロフラクションライン,3.3 節参照).このタイプの状態図としては,Cu-Ni や Ir-Ni 二元系状態図があげら

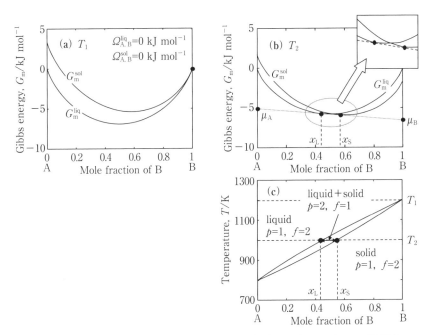

図 3.1 液相,固相が共に理想溶体の場合.(a)T_1(1200 K)での液相と固相のギブスエネルギー曲線,(b)T_2(1000 K)でのギブスエネルギー曲線,タイラインとケミカルポテンシャル(μ_A, μ_B).(c)A-B 二元系状態図(p, f は相の数と自由度)[C12].

108 第3章 計算状態図

れる.

　ここでギブスの相律と状態図の関連を見ておこう. ここではガス相は考慮していないので（圧力一定）, 凝縮系の相律（$f=C+1-p$）を用いる. A-B 二元系合金では $C=2$ であるので, 二相平衡（$p=2$, $f=1$）では線（すなわち前述したタイラインである）, 単相平衡（$p=1$, $f=2$）では面でそれぞれの領域が表される. 図3.1（c）に A-B 二元系状態図と p と f の値を合わせて示してある. この状態図には含まれていないが, $C=2$, $p=3$ の場合には, $f=0$ となり, 状態図上の点で表される. これを不変系と呼んでいる（この場合には, 純物質 A と B の融点がそうである. $C=1$, $p=2$, $f=0$）. 不変系にはいくつかの種類があり, 次節ではこの不変系も含めた種々の状態図を取り上げると共に, ギブスエネルギーと状態図の関係についてさらに検討してみよう.

3.1.2　正則溶体の状態図（化合物が生成しない場合）

　前節では固相と液相ともに理想溶体と仮定したが, ここでは正則溶体モデルを用いて, 両相の相互作用パラメーターを変化させたときに, 状態図がどのように変わってゆくのかを追ってみよう. 正則溶体モデルを用いた両相のギブスエネルギーは, 理想溶体のギブスエネルギー式に過剰ギブスエネルギー項（次式の右辺第四項）を加えて, 式(3-5)で表される.

$$G_{\mathrm{m}}^{\mathrm{liq}}=x_{\mathrm{A}}\,{}^{0}G_{\mathrm{m}}^{\mathrm{liq\text{-}A}}+x_{\mathrm{B}}\,{}^{0}G_{\mathrm{m}}^{\mathrm{liq\text{-}B}}$$
$$+RT[x_{\mathrm{A}}\ln(x_{\mathrm{A}})+x_{\mathrm{B}}\ln(x_{\mathrm{B}})]+x_{\mathrm{A}}x_{\mathrm{B}}\Omega_{\mathrm{A,B}}^{\mathrm{liq}}$$
$$G_{\mathrm{m}}^{\mathrm{sol}}=x_{\mathrm{A}}\,{}^{0}G_{\mathrm{m}}^{\mathrm{sol\text{-}A}}+x_{\mathrm{B}}\,{}^{0}G_{\mathrm{m}}^{\mathrm{sol\text{-}B}}$$
$$+RT[x_{\mathrm{A}}\ln(x_{\mathrm{A}})+x_{\mathrm{B}}\ln(x_{\mathrm{B}})]+x_{\mathrm{A}}x_{\mathrm{B}}\Omega_{\mathrm{A,B}}^{\mathrm{sol}} \tag{3-5}$$

ここで, 液相と固相の相互作用パラメーター（$\Omega_{\mathrm{A,B}}^{\mathrm{liq}}$, $\Omega_{\mathrm{A,B}}^{\mathrm{sol}}$）は, 式(2-48)に示したように R-K 級数によって与えられ, 正則溶体は級数の第一項のみ（$n=0$）を考慮する場合（$\Omega_{\mathrm{A,B}}=L_{\mathrm{A,B}}^{(0)}$）に相当する.

　液相 L は理想溶体（$\Omega_{\mathrm{A,B}}^{\mathrm{liq}}=0$）とし, 固相 S は正則溶体として相互作用パラメーターに正の値（$\Omega_{\mathrm{A,B}}^{\mathrm{sol}}=+10\,\mathrm{kJ\,mol^{-1}}$）を与えたときの状態図と液相と固相のギブスエネルギーを図3.2（a）に示す. 2.5 節で説明したように, 正の相互作用パラメーターは元素 A と B の間に反発型の相互作用を与えていることに相当する（負は引力型）. 固相のギブスエネルギーに過剰ギブスエネルギー

3.1 ギブスエネルギーと状態図の関係   109

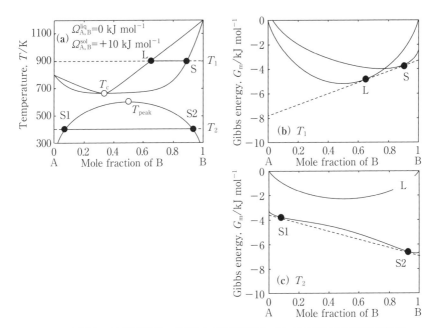

図 3.2 液相 L が理想溶体,固相 S が正則溶体(A-B 間は斥力型相互作用 $\Omega_{A,B}>0$)の場合.(a)A-B 二元系状態図,(b)温度 T_1,(c)T_2 における液相と固相のギブスエネルギー曲線.

として正の値が加わったため図 3.1(c)(共に理想溶体)の場合と比べて液相が低温域まで張り出している.T_1 では固相のギブスエネルギー(図 3.2(b))には鞍点は見られないが,T_{peak} よりも低温側の T_2(図 3.2(c))では固相のギブスエネルギーに鞍点ができ,固相間で共通接線が引けることがわかる(ほぼ直線に見えるかもしれないが,破線の共通接線よりも少し上側に張り出しているのがわかるだろう).これは,A と B 間の反発形相互作用の影響により,A と B が混合しているよりも,A-rich の固相(S1)と B-rich の固相(S2)の二つに分かれた方が系のギブスエネルギーが低くなるためである.このように同じ結晶構造で異なる組成を持つ相が平衡する場合を溶解度ギャップ(Miscibility gap)と呼ぶ.高温域では式(3-5)の右辺第三項の配置のエントロピーの寄与により鞍点がなくなり混ざり合うため,あるところでピークを持つ(T_{peak}).溶解度ギャップについては 3.1.5 項でより詳しく取り上げることにす

る．図3.2（a）の温度T_cにおいて，組成が同じ固相Sと液相Lが平衡しており，この点をコングルーエントポイント（Congruent point）と呼んでいる（図3.2（a）の場合には，特に"調和融点（Congruent melting point）"が用いられる）．凝縮系の相律（$f=C+1-p$，1.3.1項参照）では，二元合金（$C=2$）における二相平衡（$p=2$）では$f=1$となるが，この場合には組成が一定に保たれているため，成分数は$C=1$で$f=0$になる．調和融解と呼ばれる所以である．この形の状態図としてはAu-Niなどがある．

次に，固相中の相互作用パラメーター$\Omega_{A,B}^{sol}$をさらに正で大きくすると（$\Omega_{A,B}^{sol}=+15\,\mathrm{kJ\,mol^{-1}}$），固相の二相領域（**図3.3**（a））がより高温側へ張り出し，ピーク温度（T_{peak}）が上昇する．破線は準安定のS1+S2二相の相境界である．図3.3（b）に温度T_1における液相Lと固相Sのギブスエネルギー

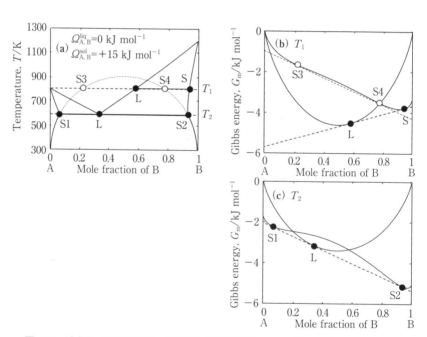

図3.3 液相Lが理想溶体，固相Sが正則溶体（A-B間は斥力型相互作用）の場合．（a）A-B二元系状態図．破線は準安定の固相の溶解度ギャップ．（b）温度T_1，（c）T_2（共晶温度590 K）における液相と固相のギブスエネルギー曲線．

3.1 ギブスエネルギーと状態図の関係　　　　　111

を示す．T_1 では S3-S4 平衡よりも，L-S 二相の方がギブスエネルギーが低く
なるため，S3-S4 の二相平衡は準安定である．この状態図では T_2 において液
相と次の反応が生じている．

$$L \Leftrightarrow S1 + S2 \tag{3-6}$$

この反応を共晶反応（Eutectic reaction）と呼ぶ．共晶点は三相（$p=3$）が平
衡しているため，二元合金（$C=2$）では自由度 $f=0$ となり，これを不変反応
（Invariant reaction）と呼ぶ．図 3.3（c）のギブスエネルギー曲線を見ると，
三相の共通接線が引けることがわかるだろう．実際のこのタイプの状態図の例
としては Ag-Cu があげられる．

　次に元素 A の融点を 800 K から 400 K に下げ，液相を正則溶体として第一
項（$n=0$）を加え，固相は準正則溶体として R-K 級数の第二項まで（$n=1$）
を加える．

$$^0G_{\mathrm{m}}^{\mathrm{sol\text{-}A}} = -400R + RT \ \mathrm{J} \ \mathrm{mol}^{-1}$$

$$\Omega_{\mathrm{A,B}}^{\mathrm{sol}} = {}^{\mathrm{sol}}L_{\mathrm{A,B}}^{(0)} + {}^{\mathrm{sol}}L_{\mathrm{A,B}}^{(1)}(x_{\mathrm{A}} - x_{\mathrm{B}}) = +15000 - 10000(x_{\mathrm{A}} - x_{\mathrm{B}}) \ \mathrm{J} \ \mathrm{mol}^{-1}$$

$$\Omega_{\mathrm{A,B}}^{\mathrm{liq}} = {}^{\mathrm{liq}}L_{\mathrm{A,B}}^{(0)} = +10000 \ \mathrm{J} \ \mathrm{mol}^{-1} \tag{3-7}$$

　図 3.4（a）にこの状態図を示す．この場合には，温度 T_2 で図 3.3（a）
の状態図とは異なる次式で表される不変反応が生じていることがわかるだろ
う．

$$L + S1 \Leftrightarrow S2 \tag{3-8}$$

これを包晶反応（Peritectic reaction）と呼ぶ．図 3.4（c）に T_2 における液
相と固相のギブスエネルギーを示す．T_2 において三相の共通接線が引けるが，
液相と固相の接線の位置関係が共晶反応とは異なっている（図 3.3（c）を参
照）．ここで用いた液相，固相中の相互作用パラメーターは，共に正なので，
液相，固相共に溶解度ギャップを持つ．図 3.4（b）に T_1 における液相と固
相のギブスエネルギーを示す．T_1 は液相の溶解度ギャップよりも高いので液
相のギブスエネルギーには鞍点は見られないが，グレーの領域でギブスエネル
ギーが平坦になっていることがわかるだろう．これは液相の濃度が揺らぎやす
い（液相の組成が変わってもギブスエネルギーがあまり変化しない）ことを意
味しており，状態図においては，図 3.4（a）のグレー部分のように水平線状
の液相線として現れる．図 3.4（a）中の一点鎖線で示すように，この低温側

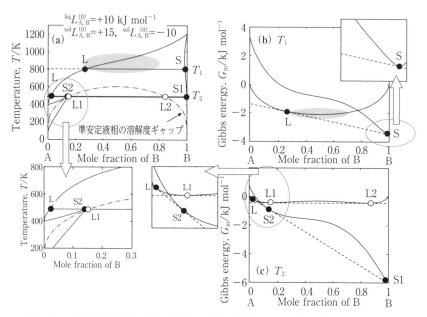

図 3.4 液相 L が正則溶体,固相 S が準正則溶体の場合(共に A-B 間は斥力型相互作用).○準安定相平衡,●安定相平衡.(a)包晶反応を含む A-B 二元系状態図と準安定の液相の溶解度ギャップ(一点鎖線).(b) T_1 におけるギブスエネルギー.グレーの領域で水平に近くなっており,液相の溶解度ギャップを示唆している.(c) T_2(包晶温度 488 K)におけるギブスエネルギー.

には準安定の溶解度ギャップがある.このように状態図上に平坦な相境界がある場合には,それよりも低温域に準安定の溶解度ギャップが隠れていることを示している(図 3.4(a)の一点鎖線が液相の準安定溶解度ギャップであり,そのときの液相のギブスエネルギー曲線には図 3.4(c)のように鞍点(L1-L2)が現れる).この形の状態図としては,Al-Sn や Cu-Nb があげられる.また,固相線に平坦な部分があるときには,低温側に固相の溶解度ギャップがあり,この形の状態図には Cu-Rh や Cu-Fe などがある.

式(3-8)で表される包晶反応は,固相と液相が反応して組成が異なる固相ができる反応であるため,反応に時間がかかる(固相内の拡散が必要となるため).そのため,包晶系では冷却速度が速いと初晶固相の周りを第二相が取り

3.1 ギブスエネルギーと状態図の関係 113

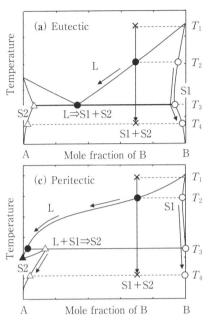
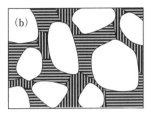
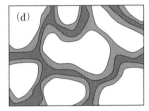

図 3.5 A-B 二元系状態図と得られる凝固組織．（a）共晶反応 L ⇒ S1+S2 が生じる場合と，（b）合金 X を T_1 から T_4 まで冷却したときに得られる凝固組織の模式図．（c）包晶反応（L+S1 ⇒ S2）が生じる場合と，（d）合金 X を T_1 から T_4 まで冷却したときに得られる凝固組織の模式図．初晶 S1（白）が第二相 S2（灰）に囲まれた有芯組織となる．

囲む特徴的なミクロ組織を示す（これを有芯組織（Cored structure）と呼ぶ）．ここでは共晶組織との比較で説明する．

図 3.5（a）に示した共晶系状態図（図 3.3（a）と同じ）中の「×」点の合金を温度 T_1 から冷却すると，T_2 で初晶 S1 が晶出し始め，温度低下に伴って液相組成は液相線に沿って矢印の方向に変化する（●⇒●）．同様に固相 S1 の組成も矢印に沿って変化する（○⇒○）．T_3 に達すると共晶反応により液相から S1 と S2 が同時に晶出する．二相が同時に晶出するため凝固組織は，図 3.5（b）に示すように微細なミクロ組織となる．白い部分が T_1 から T_3 の間に晶出した初晶の S1，その周りを取り囲んでいるのが T_3 の共晶反応により晶出した共晶相である．図 3.5（c）に包晶系状態図（図 3.4（a）と同じ）を

示す.「×」点の合金を温度 T_1 から冷却すると，T_2 で初晶の S1 が晶出し始め，液相の組成は液相線に沿って矢印の方向へ変化し（●⇒●），固相の組成は矢印の方向に変化する（○⇒○）.T_3 に達すると包晶反応が生じ，初晶の S1 とその周りの液相 L が反応して固相 S2 が生成する.そのため，包晶反応により生成した S2 は，S1 を取り囲むように形成される.包晶反応が完全であれば（この場合には T_3 で凝固が終了した場合），新たに生成した固相 S2 の組成は△—△と変化するが，包晶反応が終了する前に S2 が S1 を取り囲んでしまうと，残った液相は S1 ではなく S2 と直接接することになり，液相と S2 の二相が平衡することになる（$p=2$, $f=1$）.すなわち，不変反応（$f=0$）ではなく，温度が低下と共に凝固が進行し S2 の組成は△⇒▲，液相の組成は●⇒▲へと変化する.この結果，凝固組織は図 3.5（d）に示したように初晶の S1 を中心としてそれを S2 が取り囲み，その周りを A-rich の固相 S2 が取り囲

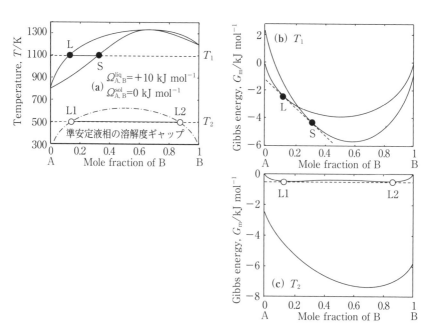

図 3.6 液相 L が正則溶体（A-B 間は斥力型相互作用），固相 S が理想溶体の場合.（a）A-B 二元系状態図と液相の準安定溶解度ギャップ（一点鎖線）.（b）T_1, （c）T_2 でのギブスエネルギー.

んだ有芯組織となる．これらの凝固組織の違いによって As-cast 試料のミクロ組織観察から，高温でどちらの反応が生じて凝固したのかある程度推定が可能である．

次に液相と固相 A, B のギブスエネルギーを式(3-4)で表し，固相が理想溶体（$\Omega_{A,B}^{sol}=0$）で液相が正則溶体（$\Omega_{A,B}^{liq}=+10\,\text{kJ mol}^{-1}$）の場合の状態図を**図3.6（a）**に示す．液相中のギブスエネルギーに正の値が加わったため，高濃度域（1:1 組成付近）では液相のギブスエネルギーが固相と比べて相対的に大きくなる．そのため，図 3.1（c）に比べて固相がより高温域まで安定に張り出してきている（図 3.6（b）のギブスエネルギーも参照）．この場合も，液相中の相互作用パラメーターが正なので，低温域で液相の準安定溶解度ギャップが存在する（図中の一点鎖線．図 3.6（c）のギブスエネルギーも参照）．

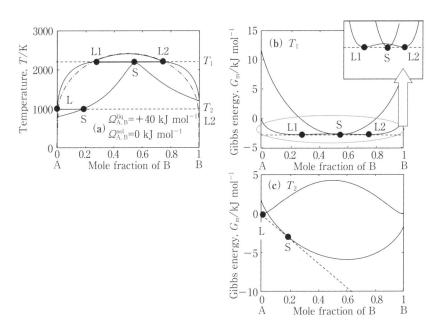

図 3.7 液相 L が正則溶体（A-B 間は斥力型相互作用），固相 S が理想溶体の場合．（a）A-B 二元系状態図．液相の溶解度ギャップが安定に存在する場合（一点鎖線は準安定領域）．（b）T_1（合成反応温度 2199 K），（c）T_2 でのギブスエネルギー．

さらに相互作用パラメーターが正で大きくなると，**図 3.7**（a）に示すように液相の二相域が安定領域として現れてくる．T_1 における反応は，液相 L1 と液相 L2 から固相 S が形成されるので，合成反応（Synthectic reaction）と呼ばれる．

$$L1 + L2 \Leftrightarrow S \tag{3-9}$$

図 3.7（b）は，合成反応における三相のタイライン，図 3.7（c）はそれよりも低温 T_2 におけるギブスエネルギーであり，A-B 間の反発型の相互作用により液相のギブスエネルギーは大きく上に凸になっている．

次に液相，固相共に正則溶体で，固相中の相互作用パラメーターを正（$\Omega_{A,B}^{sol}$ $= +15 \,\mathrm{kJ\,mol^{-1}}$），液相中の相互作用パラメーターを負（$\Omega_{A,B}^{liq} = -15 \,\mathrm{kJ\,mol^{-1}}$）として求めた状態図を**図 3.8**（a）に示す．図 3.8（b），（c）に示した

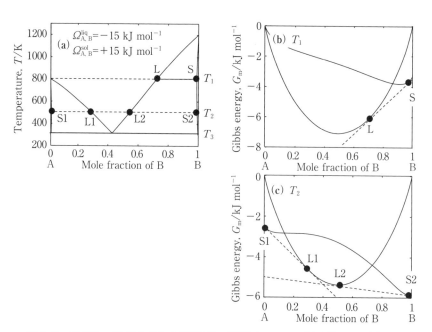

図 3.8 液相 L，固相 S 共に正則溶体で液相中の A-B 相互作用は引力型，固相は斥力型の場合．（a）A-B 二元系状態図（純物質の融点に比べて共晶温度（T_3）が大きく低下する，深い共晶型）．（b）T_1，（c）T_2 におけるギブスエネルギー．

T_1, T_2 におけるギブスエネルギーからわかるように，液相のギブスエネルギーはより負で大きくなることから，低温域へ液相の単相領域が広がり，固相には正の相互作用パラメーターを反映した溶解度ギャップが生じることがわかる．この形の状態図で重要な点は，純物質 A，B の融点と比較して共晶温度 T_3 がかなり低いことである．図 3.3（a）と同じ共晶系状態図であるが，液相中の相互作用 $\Omega_{A,B}^{liq}$ が負で大きいため，図 3.8（a）では共晶温度が大きく低下している（600 K ⇒ 300 K）．この"深い共晶"はアモルファスが形成しやすい合金系，合金組成の目安となることが知られている．これを相互作用パラメーターの観点から見ると，液相で引力型，固相で斥力型（または液相よりもずっと弱い引力型）になる場合に相当する．この要因の一つは，A と B の格子定数が異なる場合など，化学的には引力型の相互作用を持つ元素の組み合わせであるのに，原子サイズが大きく異なるために bcc や fcc などの結晶を形成する

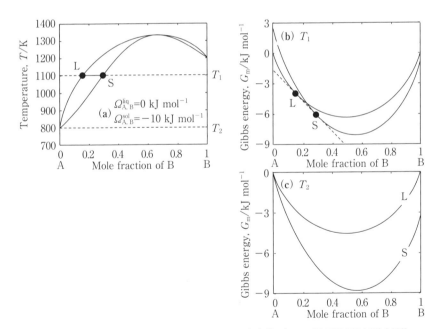

図 3.9 液相 L が理想溶体，固相 S が正則溶体（A-B 相互作用は引力型）の場合．（a）A-B 二元系状態図．（b）T_1，（c）T_2 におけるギブスエネルギー．

と格子の歪が大きくなり，固相では混ざりにくくなる（相互作用が固相内で斥力型になる）ことがあげられる（格子の拘束がない液相では化学的相互作用が優位になる）．また，このような合金系で，化合物相が形成される場合，その化合物の規則構造は，原子サイズ差に起因する歪を緩和しなければならないため，複雑な構造を持つことが多い．これは，液相が結晶化するときに，原子が複雑な規則構造に並ぶための拡散距離がより長くなることになるため，この点もアモルファスを形成しやすくしている一因である．このような合金系の例としては，Cu-Zr や Ni-Zr 二元系があげられる．

図 3.3，図 3.8 で取り上げたように，元素 A と B の固相が同じ結晶構造を持ち共晶反応が生じる場合には，その固相内の相互作用は反発型と考えられる．しかし，それぞれの固相の結晶構造が異なる場合には，引力型でも共晶型の状態図となる場合がある（付録 A8 参照．全て理想溶体で共晶反応が生じる例を 3.2 節で取り上げる）．

次に，液相を理想溶体，固相を正則溶体として相互作用パラメーターに負の値を与えたときの状態図を図 3.9 (a) に示す（ギブスエネルギーは図 3.9 (b)，(c)）．負の相互作用パラメーターは元素 A と B の間に引力型の相互作用を与えていることに相当する．固相のギブスエネルギーは，高濃度域で負でより大きくなることから，高温域へ固相の単相領域が広がることがわかる．図 3.6 (a) と形状は似ているが，この場合には低温域での液相の準安定溶解度ギャップはなく，多くの場合，低温域では化合物相（固相）が形成される．次節ではこの化合物相が現れる状態図について取り上げる．

3.1.3 化合物を含む状態図

これまで固相は，固溶体のみを考えてきたが，A-B 間の引力型相互作用が強い場合には，固溶体に加えて化合物相が形成されることが多い．2.7 節で述べたように，化合物相中では元素 A，B の優先占有位置が決まっており，副格子モデルを用いてギブスエネルギーが与えられる．まず，最も簡単な状態図として，化学量論化合物が現れる場合を取り上げよう．ここでは定比化合物 A_pB_q を考え，$p=q=0.5$（$A_{0.5}B_{0.5}$）とすると，式(2-58)からギブスエネルギーは次式で表される．

$$G_{\mathrm{m}}^{\mathrm{A}_{0.5}\mathrm{B}_{0.5}} = 0.5\,{}^0G_{\mathrm{m}}^{\mathrm{sol\text{-}A}} + 0.5\,{}^0G_{\mathrm{m}}^{\mathrm{sol\text{-}B}} + {}^0G_{\mathrm{m}}^{\mathrm{A}_{0.5}\mathrm{B}_{0.5}} \tag{3-10}$$

${}^0G_{\mathrm{m}}^{\mathrm{sol\text{-}A}}$, ${}^0G_{\mathrm{m}}^{\mathrm{sol\text{-}B}}$ は式 (3-4) で与える．液相は理想溶体，固相は正則溶体とし，固相中の相互作用パラメーターは $\Omega_{\mathrm{A,B}}^{\mathrm{sol}} = -8\,\mathrm{kJ\,mol^{-1}}$ とする．$T = 0\,\mathrm{K}$ において化合物が安定相になるには，化合物の組成 ($x_{\mathrm{A}} : x_{\mathrm{B}} = 0.5 : 0.5$) で生成ギブスエネルギー ${}^0G_{\mathrm{m}}^{\mathrm{A}_{0.5}\mathrm{B}_{0.5}}$ が $x_{\mathrm{A}}\,x_{\mathrm{B}}\,\Omega_{\mathrm{A,B}}^{\mathrm{sol}}\,(=0.5 \times 0.5 \times (-8) = -2\,\mathrm{kJ\,mol^{-1}})$，それよりも負で大きければいいが，ここでは，化合物が十分に安定になるように，${}^0G_{\mathrm{m}}^{\mathrm{A}_{0.5}\mathrm{B}_{0.5}} = -8\,\mathrm{kJ\,mol^{-1}}$ とした．

求めた状態図とギブスエネルギーを**図 3.10**（a），（b），（c）に示す．$T_1(=1041\,\mathrm{K})$ においてこの化合物はコングルーエントポイントを持ち，図 3.10（b）に示すように，固相 S と化合物 C のギブスエネルギーは一致する．このような化合物が現れる状態図の例としては Cs-K などがあげられる．

次に，液相と固相のギブスエネルギーは同じまま，化学量論化合物

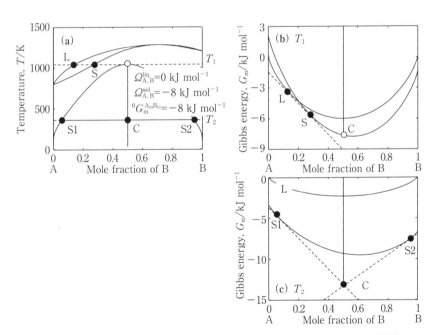

図 3.10 液相 L が理想溶体，固相 S が正則溶体（A-B 相互作用は引力型），AB 化学量論化合物が現れる場合．（a）A-B 二元系状態図．（b）T_1 (1041 K)，（c）T_2 でのギブスエネルギー．

($A_{0.5}B_{0.5}$) の代わりに，不定比化合物が現れる場合を考えてみよう．ここで化合物 C は，二つの副格子を持ち，A，B がそれぞれの副格子上で混合できるとする $((A,B)_{0.5}(A,B)_{0.5})$．ギブスエネルギーは，2 副格子からなる不定比化合物の式(2-65)を用いて，次式で与えられる．

$$G_m^{A_{0.5}B_{0.5}} = y_A^{(1)}y_A^{(2)} {}^0G_{A:A}^{A_{0.5}B_{0.5}} + y_B^{(1)}y_B^{(2)} {}^0G_{B:B}^{A_{0.5}B_{0.5}} + y_A^{(1)}y_B^{(2)} {}^0G_{A:B}^{A_{0.5}B_{0.5}}$$
$$+ y_B^{(1)}y_A^{(2)} {}^0G_{B:A}^{A_{0.5}B_{0.5}} + RT\frac{1}{2}\sum_i(y_i^{(1)}\ln y_i^{(1)} + y_i^{(2)}\ln y_i^{(2)}) \quad (3\text{-}11)$$

ここでは次のパラメーターを用いた．

$${}^0G_{A:A}^{A_{0.5}B_{0.5}} = {}^0G_m^{\text{sol-A}}$$

$${}^0G_{B:B}^{A_{0.5}B_{0.5}} = {}^0G_m^{\text{sol-B}}$$

$${}^0G_{A:B}^{A_{0.5}B_{0.5}} = {}^0G_{B:A}^{A_{0.5}B_{0.5}} = -3900 + 0.5 {}^0G_m^{\text{sol-A}} + 0.5 {}^0G_m^{\text{sol-B}}$$

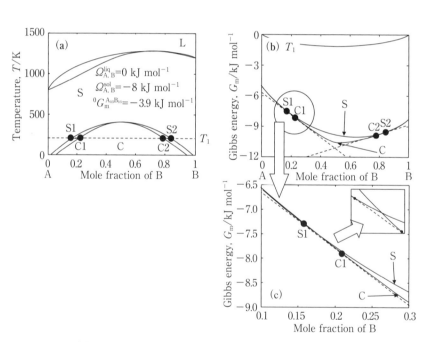

図 3.11 液相 L が理想溶体，固相 S が正則溶体，低温域に不定比化合物 C $((A,B)_{0.5}(A,B)_{0.5})$ が現れる場合の状態図．（a）A-B 二元系状態図．（b）T_1 におけるギブスエネルギー．（c）A-rich 領域のギブスエネルギーの拡大図．

$$^{\mathrm{ex}}G_{\mathrm{m}}^{\mathrm{A}_{0.5}\mathrm{B}_{0.5}}=0 \tag{3-12}$$

この場合の状態図とギブスエネルギーを**図 3.11**（a），（b），（c）に示す．この不定比化合物 C の単相域は，化合物 C を $(\mathrm{A},\mathrm{B})_{0.5}(\mathrm{A},\mathrm{B})_{0.5}$ と定義したので，$\mathrm{A}_{0.5}\mathrm{A}_{0.5}$ から $\mathrm{B}_{0.5}\mathrm{B}_{0.5}$ までの広い組成域に渡っている．このような広い単相域を持つ化合物としては図 2.11 に示した B2 型化合物があげられる．この状態図の例としては Cu-Pd などがあげられる．

3.1.4　液相中に会合体が形成される場合の状態図

前節では固相中の相互作用パラメーターが負で，化合物形成傾向がある場合を取り上げた．そのときに液相は理想溶体と仮定したが，固相中の相互作用パラメーターが負で大きい場合には，同様に液相中の相互作用パラメーターも負で大きい場合が多い．特に Fe-S（図 2.24（a））のように，生成する化合物相が高温域まで安定に存在する場合には，液相中でもその組成付近で短範囲規則化の影響により，固相同様にギブスエネルギーが低下する傾向がある．図 2.24（b）で FeS 近傍組成において液相の混合のエンタルピーが鋭いピークを持つのはそのためである．R-K 級数を用いてこのような急峻な液相のギブスエネルギーの組成依存性を表すためには多くの級数項が必要となる．これは，液相中の短範囲規則化を熱力学モデル内に取り込まなければならないことを示唆しており，ここでは会合溶体モデルを取り上げる．固相は理想溶体（$\Omega_{\mathrm{A,B}}^{\mathrm{sol}}=0$），液相は会合溶体とする．会合溶体モデルによる液相のギブスエネルギーは式(2-112)で与えられる．ここでは液相中の会合体として $\mathrm{A}_1\mathrm{B}_1$（A 原子と B 原子が会合体 $\mathrm{A}_1\mathrm{B}_1$ を形成する $\mathrm{A}+\mathrm{B}\Leftrightarrow\mathrm{A}_1\mathrm{B}_1$）を仮定し，会合体の生成ギブスエネルギーは $G_{\mathrm{A}_1\mathrm{B}_1}^0=-10\ \mathrm{kJ\,mol^{-1}}$ とする（先の Fe-S 二元系であれば液相中に会合体 $\mathrm{Fe}_1\mathrm{S}_1$ を仮定することに相当する）．純物質のギブスエネルギーは式(2-112)で与える．相互作用パラメーターは会合体 $\mathrm{A}_1\mathrm{B}_1$ が形成されるため（成分が一つ増える），$\Omega_{\mathrm{A,B}}^{\mathrm{liq}}$，$\Omega_{\mathrm{A,A_1B_1}}^{\mathrm{liq}}$，$\Omega_{\mathrm{A_1B_1,B}}^{\mathrm{liq}}$ の三種類となる．ここでは全て 0 としている（式(2-113)で $G_{\mathrm{m}}^{\mathrm{excess}}=0$ である）．純物質 A，B のギブスエネルギーは式(3-4)で与える．この場合，式(2-112)の右辺第一項は，$n_{\mathrm{A_1B_1}}'\,{}^0G_{\mathrm{m}}^{\mathrm{liq\text{-}A_1B_1}}$ のみとなる．

図 3.12（a）にこの状態図を示す．図 3.12（b）に示すように会合溶体の

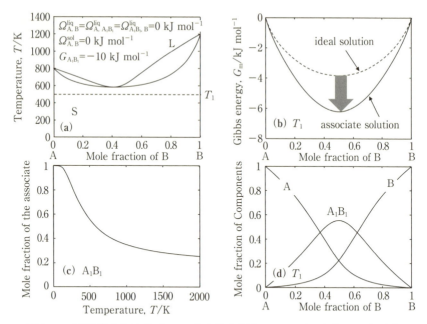

図 3.12 液相が会合溶体（A_1B_1 会合体を仮定している），固相が理想溶体の場合．（a）A-B 二元系状態図．液相領域が低温側に張り出し，液相が安定化していることがわかる．（b）理想溶体と会合溶体のギブスエネルギーの比較．会合体の形成によりギブスエネルギーが減少する．（c）A-50 at% B 合金における液相中の会合体濃度の温度依存性．（d）T_1 における液相中の各成分の割合．

ギブスエネルギーは，理想溶体に比べて大きく低下する．これは，液相中の会合体濃度が 1:1 組成近傍でピークを持つことからわかるように，会合体の形成によってこの組成付近で液相のギブスエネルギーが低下しているためである（図 3.12（d））．会合体濃度は温度低下に伴って増加し，短範囲規則化が進むことに相当する（図 3.12（c））．

3.1.5 溶解度ギャップとスピノーダル線

ここでは図 3.2（a），図 3.3（a）の低温域にある固相 S1 と固相 S2 の二相域を詳しく見てみよう．ここで，固相だけを考慮し，正則溶体（$\Omega_{A,B}^{sol} = +15$ kJ mol^{-1}）とする．また，簡単のため純物質固相 A，B のギブスエネルギーは

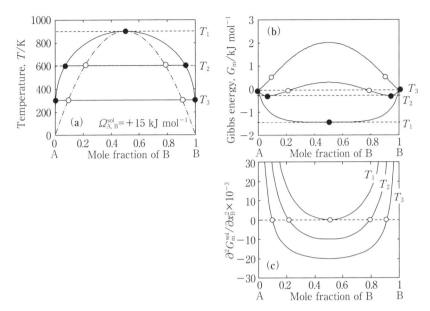

図 3.13 （ a ）A-B 二元系における固相の溶解度ギャップ（バイノーダル線（実線））とスピノーダル線（一点鎖線）．（ b ）各温度におけるギブスエネルギーと（ c ）ギブスエネルギー曲線の曲率．負の領域でスピノーダル分解が生じる[C11]．

$^0G_m^{sol\text{-}A} = {}^0G_m^{sol\text{-}B} = 0$ とする．したがって固相のギブスエネルギー（式(3-5)）は，

$$G_m^{sol} = RT[x_A \ln(x_A) + x_B \ln(x_B)] + x_A x_B \Omega_{A,B}^{sol} \tag{3-13}$$

図 3.13（ a ）に A-B 二元系状態図を示す．図中の実線は溶解度ギャップ（バイノーダル線, Binodal line），一点鎖線はスピノーダル線（Spinodal line）である．図 3.13（ b ）は温度 T_1, T_2, T_3 におけるギブスエネルギーの組成依存性である．図中の○はギブスエネルギー曲線の曲率が変わる変曲点であり，それらを結んだ線をスピノーダル線と呼ぶ．変曲点はギブスエネルギーの二階微分（$\partial^2 G_m^{sol}/\partial x_B^2 = 0$）により与えられ，$x_A = 1 - x_B$ であることに注意して，式(3-13)を用いると，

$$\frac{\partial^2 G_m^{sol}}{\partial x_B^2} = -2\Omega_{A,B}^{sol} + RT\left(\frac{1}{x_A} + \frac{1}{x_B}\right) = 0 \tag{3-14}$$

整理すると，スピノーダル線を表す式を得ることができる．

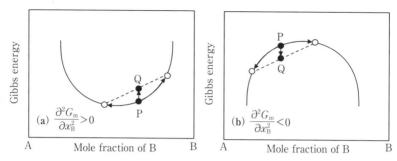

図 3.14 （a）ギブスエネルギーの曲率が正の場合，濃度揺らぎによりギブスエネルギーは低下する（点 P ⇒ 点 Q），（b）曲率が負の場合，濃度揺らぎによってギブスエネルギーは増加する（点 P ⇒ 点 Q）．

$$RT = 2x_A x_B \Omega_{A,B}^{sol} \quad (3\text{-}15)$$

T_1, T_2, T_3 における $\partial^2 G_m^{sol}/\partial x_B^2$ と，変曲点を図 3.13（c）に示す．このスピノーダル線よりも内側（各温度での曲線の ○—○ 間）では曲率は負で，ギブスエネルギー曲線は上に凸であり，その外側では曲率は正で下に凸の曲線である．

図 3.14（a）に示したように，曲率が正の領域（スピノーダル領域）では，濃度揺らぎに対してギブスエネルギーは増加するためその構造は安定になるが，曲率が負の場合にはギブスエネルギーが濃度揺らぎに対して連続的に減少するため（図 3.14（b）），原子の拡散が可能な温度であれば相分離が進行する．これをスピノーダル分解（Spinodal decomposition）と呼び，それにより得られるミクロ組織は微細な二相組織となる．

相分離初期には，各式(3-5)に加えて，析出相と母相の格子定数の差に起因する整合歪の効果を考慮しなければならないが，この点は［計算組織学編］6 章で詳しく取り上げている．

3.1.6 溶解度ギャップと磁気変態

次に磁気変態が生じる場合を考えよう．ここで液相，固相共に理想溶体とする（図 3.1（c）と同じ）．そして，元素 B は全温度域で常磁性（Paramagnetic state），元素 A は磁気変態を持ち，キュリー温度 T_C 以下で強磁性（Ferromagnetic state),それ以上で常磁性とする.元素 A の磁気モーメント β_A は 2.22μ_B (μ_B はボーア磁子),キュリー温度 ^0T_A は 700 K とする(元素 B に対しては $^0T_B=0$ K, $\beta_B=0$).式(2-32)により,キュリー温度と磁気モーメントの組成依存性は次式で与えられる.

$$T_C = x_A \, ^0T_A + x_B \, ^0T_B = 700 x_A$$
$$\beta = x_A \, ^0\beta_A + x_B \, ^0\beta_B = 2.22 x_A \tag{3-16}$$

磁気変態による磁気過剰ギブスエネルギー(式(2-26))を固相のギブスエネルギーに考慮すればよい.液相と固相のギブスエネルギーは,

$$G_m^{sol} = x_A \, ^0G_m^{sol\text{-}A} + x_B \, ^0G_m^{sol\text{-}B} + RT[x_A \ln(x_A) + x_B \ln(x_B)] + G_m^{mag}$$
$$G_m^{liq} = x_A \, ^0G_m^{liq\text{-}A} + x_B \, ^0G_m^{liq\text{-}B} + RT[x_A \ln(x_A) + x_B \ln(x_B)] \tag{3-17}$$

ここで,純物質のギブスエネルギーは式(3-4)を用いる.

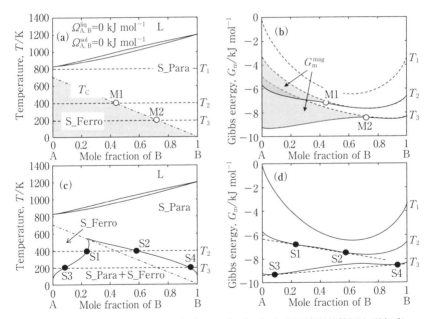

図 3.15 磁気変態に伴う溶解度ギャップ.(a)全率固溶型状態図と磁気変態線(強磁性-常磁性転移),(b)磁気変態の効果によりギブスエネルギーが大きく低下する(点線が常磁性,実線が強磁性相).(c)磁気変態に伴う溶解度ギャップ,(d)磁気過剰ギブスエネルギーにより強磁性相と常磁性相の間でタイラインを引くことができる[C12].

このときの液相線，固相線，磁気変態線（一点鎖線）を**図 3.15（a）**に示す．磁気変態線よりも高温側で常磁性（S_Para），低温側では強磁性（S_Ferro）である．このときの温度 T_1, T_2, T_3 における固相のギブスエネルギーの組成依存性（実線）を図 3.15（b）に示す．点線は磁気変態がない（式(3-17)の $G_m^{mag}=0$）とした場合の固相のギブスエネルギーである．したがって，グレー部分は磁気変態に起因する磁気過剰ギブスエネルギーの固相の全ギブスエネルギーへの寄与分である．図 3.15（b）から，磁気過剰ギブスエネルギーを考慮することで，A-rich 固相（強磁性相）のギブスエネルギーが低下し，ギブスエネルギーが上に凸の領域が現れる．したがって，タイラインを図 3.15（d）のように（S1-S2，S3-S4）引くことができる．この磁気過剰ギブスエネルギーにより現れる二相領域の計算結果を図 3.15（c）に示す．この

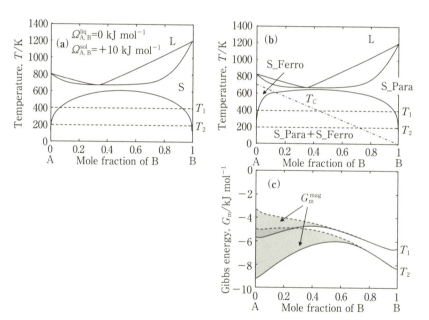

図 3.16 固相の溶解度ギャップに及ぼす磁気変態（強磁性-常磁性転移）の影響．（a）磁気変態がない場合には二相域のピークは約 600 K，（b）磁気変態の効果により溶解度ギャップが大きくなる（一点鎖線より低温側が強磁性相）．（c）磁気変態によりギブスエネルギーが大きく低下し，溶解度ギャップがより強調される．

磁気変態線に沿って伸びている二相領域の"つの"は，最初にこの熱力学解析を行った西沢の名前を取って西沢ホーン（Nishizawa horn）[2]と呼ばれている．このような状態図の例としては，Co-Mn や Co-Mo があげられる．

図 3.16（a）は液相が理想溶体，固相が正則溶体（$\Omega_{A,B}^{sol} = +10 \text{ kJ mol}^{-1}$）の場合の状態図である．このように，相分離傾向を持つ固相が磁気変態をする場合には，磁気過剰ギブスエネルギーによって，図 3.16（b）に示すように相分離傾向が助長される．このときの T_1, T_2 におけるギブスエネルギー曲線（実線）は，磁気過剰ギブスエネルギー項の寄与（図中のグレーの部分）により A-rich 側で低下し，磁気変態がない場合（点線）に比べて，より大きく上に凸の曲線となっている（図 3.16（c））．Cr-Fe がこの状態図の例である．

3.1.7 相互作用パラメーターが負の場合の溶解度ギャップ

3.1.5 項では相互作用パラメーターが正（斥力型）の場合の溶解度ギャップ

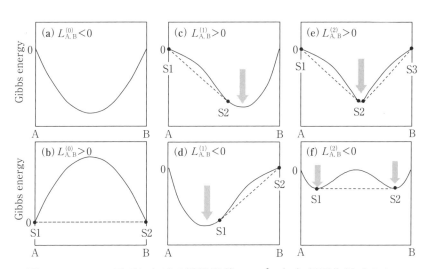

図 3.17 A-B 二元系における溶解度ギャップ．（a）相互作用パラメーター（$n=0$）が負では溶解度ギャップは生じない．（b）$n=0$ 項による溶解度ギャップ（$L_{A,B}^{(0)}>0$）．$n=1$ 項による溶解度ギャップ，（c）$L_{A,B}^{(1)}>0$ の場合と（d）$L_{A,B}^{(1)}<0$ の場合．$n=2$ 項による溶解度ギャップ，（e）$L_{A,B}^{(2)}>0$ の場合と（f）$L_{A,B}^{(2)}<0$ の場合．

について検討してきたが，ここでは相互作用パラメーターが負（引力型）の場合の溶解度ギャップについて考えてみよう．

図 3.17（a），（b）に示したように，過剰ギブスエネルギー項が R-K 級数の $n=0$ 項のみであれば，その符号の正負で溶解度ギャップの有無を判断できる（正であれば溶解度ギャップがあり，負であれば溶解度ギャップがない）．二元系合金では，正則溶体を仮定する限り，引力型の相互作用パラメーターでは，溶解度ギャップは生じない．しかし，$n=0$ 項より高次の R-K 級数項がある場合には，それによって溶解度ギャップが生じる場合がある．その例を図 3.17（c）～（f）に示す．R-K 級数各項の濃度依存性は，図 2.6 に示したように，奇数項（$L_{A,B}^{(1)}, L_{A,B}^{(3)}, L_{A,B}^{(5)} \cdots$）は 1：1 組成を中心として左右非対称となり，その影響が大きくなると図 3.17（c），（d）型の溶解度ギャップが生じる．一方，偶数項（$L_{A,B}^{(2)}, L_{A,B}^{(4)}, L_{A,B}^{(6)} \cdots$）では 1：1 組成を中心として左右対象となるので，その影響が大きくなると図 3.17（e），（f）型の溶解度ギャップとなる．これらの溶解度ギャップは，ある特定の組成域での短範囲規則化（例えば液相中に会合体の形成など）が進むことで，その組成域でギブスエネルギーが低下することによるものである（斥力型の相互作用による相分離ではなく，A-B 間の相互作用が特定の組成域で強い引力型を示すことで溶解度ギャップが現れる）．図 3.17（c），（d）の例としては，Cu-Sn 二元系の fcc 固溶体があげられる．図 3.17（e）の例としては，B2-AB 化合物が現れる系で見られることがある．図 3.17（f）は，二つの異なる組成域でギブスエネルギーが低下する場合である（二元系合金では実際の例はない）．

このときの状態図の例を**図 3.18** に示す．図 3.18（a）～（d）は図 3.17（c）～（f）に対応している．ギブスエネルギーが低下する組成域で混合状態が安定となるためにそれよりも外側の組成域で溶解度ギャップを生じることがわかる．図 3.18（d）の溶解度ギャップは，一見図 3.3（a）に示した溶解度ギャップと似ているが，図 3.3（a）は反発型の相互作用によるものでありその要因は異なっている．

R-K 級数の高次項を含んだ A-B 二元系の溶体相における溶解度ギャップの有無は，$T=0$ K において，ギブスエネルギー曲線が上に凸になっているかどうかを調べればよい（付録 A6 参照）．溶解度ギャップの生じる条件は，$n=1$

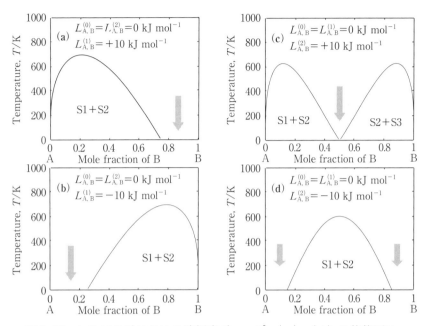

図 3.18 A-B 二元系における溶解度ギャップ．(a)〜(d) の状態図は，それぞれ図 3.17 (c)〜(f) の場合に対応している．矢印の組成域で混合状態が安定化されるために溶解度ギャップが生じる．

までを考慮すると，式(3-18)で与えられる．

$$-L_{A,B}^{(0)} < 3|L_{A,B}^{(1)}| \tag{3-18}$$

また，平衡する一方の相が純物質である場合には，次のように一般化できる．ここで n が偶数項は全て正の場合である．

$$-L_{A,B}^{(0)} < \sum_{n=0}^{v} (2n+1)|L_{A,B}^{(n)}| \tag{3-19}$$

$n=2$, $L_{A,B}^{(2)}<0$ である場合には二次方程式の判別式を用いて，次の条件式を得ることができる（付録 A6 参照）．

$$3(L_{A,B}^{(1)})^2 + 8(L_{A,B}^{(2)})^2 - 8L_{A,B}^{(0)}L_{A,B}^{(2)} \geq 0 \tag{3-20}$$

式(3-19)からわかるように，R-K 級数の高次項では $L_{A,B}^{(0)}$ に対してより小さな値で溶解度ギャップを持つため，さらに高次の項が用いられている場合には，エンドメンバーの組成近傍で溶解度ギャップが現れる場合が多く，これま

でのThermo-Calcを用いた計算では見過ごされている場合が多い（大域極小化が取り入れられていないことによる）．多くは室温以下の低温域で現れるため準安定溶解度ギャップであるが，まれに安定相境界として現れていることがあり，熱力学アセスメントを行うにあたっては注意が必要である．これらの溶解度ギャップは，R-K 級数では SRO や会合体の形成などの液相の構造を直接取り扱っていないので，限られた実験値，または不十分な実験値に従って最適化されたパラメーターの外挿精度の問題によるものなのか，SRO などその系の特徴なのか検討が必要である．

二元系の正則溶体では，相互作用パラメーター（$L_{i,j}^{(0)} < 0$）が負の場合には溶解度ギャップは生じないが，A-B-C 三元系合金においては，正則溶体で全ての相互作用パラメーターが負であっても溶解度ギャップが現れる場合がある．Meijering[3]により，以下の条件を満たす場合には特有の形状を持つ溶解度ギャップが生じることが示されている（島状溶解度ギャップ）．

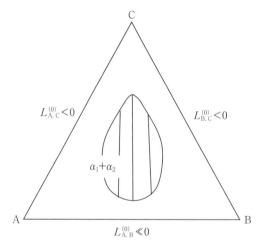

図 3.19 A-B-C 三元系における溶解度ギャップ．すべての相互作用パラメーター（$L_{i,j}^{(0)} < 0$）が負であっても，式(3-21)の条件を満たす場合には溶解度ギャップが生じる（島状溶解度ギャップ）．図は $L_{B,C}^{(0)} = L_{A,C}^{(0)} < 0$，$L_{A,B}^{(0)} \ll 0$ とした場合の島状溶解度ギャップで，(A, B)-rich の α_1 相と C-rich の α_2 相に分離する．縦の線はタイラインを示す．三元系状態図については次節参照[C12]．

$$\sqrt{-L_{A,B}^{(0)}} > \sqrt{-L_{A,C}^{(0)}} + \sqrt{-L_{B,C}^{(0)}} \qquad (3\text{-}21)$$

　この場合,平衡する2相の組成は,(A,B)-rich の液相と C-rich の液相になる.全ての対相互作用が引力型であれば,全て混合しそうであるが,A-B 間の引力的相互作用が A-C, B-C よりも式(3-21)を満たすほどに強いと,A-B が強く引き合い,C が取り残されるために,二つの異なる組成を持つ溶体相に分離する.

　この場合の相境界は図 3.19 に示すように,三角形のどの辺にも接してはいない(二元系(A-B, A-C, B-C)の正則溶体では溶解度ギャップがない)ために,島状溶解度ギャップと呼ばれている.このタイプの相分離はほとんど準安定であるが,二元系の相互作用パラメーターを用いた外挿から Al-Mg-Sc 三元系合金では,高温域で安定相として現れることが予測されている[4].

3.2　三元系状態図

　3.1 節では主に二元系状態図を扱ってきたが,実際の合金は多くの元素からなるため,多元系状態図を用いることが多いだろう.また,後節(3.3節)で

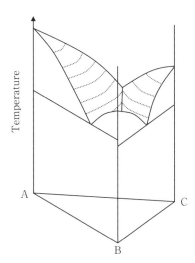

図 3.20　A-B-C 三元系状態図.各二元系(A-B, A-C, B-C)が全て共晶型でそれぞれに溶解度を持たない場合の状態図の模式図(点線は等温線)[B6].

多元系状態図におけるいくつかの有効な法則について述べるが，本節ではそれら理解のために必要な最低限の項目を取り上げることにする．

これまで二元系状態図を描画してきたように圧力一定（1気圧）として，三元系状態図を描画しようとすると，**図 3.20** の模式図に示したような立体図となるため，このままでは相平衡や不変反応がわかりにくい（図中の点線は等温線．図 3.22 も参照）．

そのため，変数が一つ増えた分の拘束条件を一つ加えて平面上に表すことが多い．例えば，温度一定とした等温断面図（Isothermal section）や組成比を一定とした縦断面図（Transverse section）があげられる．三つの成分のうちの一つの成分濃度が低い場合には後述の図 3.29 のように直交座標系が用いられることも多いが，等温断面状態図を描画するときは，図 3.19 で用いたような三角図が用いられる（付録 A7 参照）．これは，組成をモル分率で表しているために $x_A+x_B+x_C=1$ の条件があることによる．

まずは，この三角グラフ上の組成の読み方を**図 3.21**（a）の合金 p を例に説明する．合金 p 中の元素 A 濃度を求めるには，点 p を通り bc 平行な直線（eph）を引き，その直線と ab の交点（e）を読めばよい．同様に元素 B 濃度は点 p を通り ac と平衡な直線（dpg）を引き bc との交点 g，元素 C 濃度は交

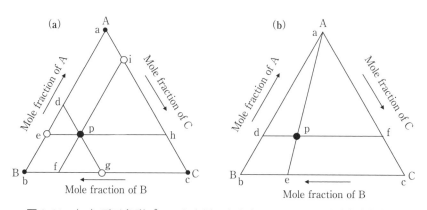

図 3.21 （a）正三角形プロットを用いたときの A-B-C 三元系合金状態図と点 p 合金組成の読み方．○が各成分濃度を表す．（b）等 x_A 線（dpf）と等 x_B/x_C 線（ape）[B6]．

点 i となる．また，図 3.21（b）の点 p が bc と平行な直線 df 上を移動して
も，元素 A 濃度 bd は変わらない．直線 dpf は元素 A の等濃度線を表してい
る（x_A は一定で x_B, x_C が変化する）．また点 p が ae 上を移動しても be : ec
（$=x_C : x_B$）は変わらない（$x_C : x_B$ 一定で A 濃度が変化する）．したがって，線
ape は等 x_C/x_B 線である．

　次に実際に三元系状態図を計算しよう．ここでは，A–B–C 三元系を取り上
げる．固相 α, β, γ，液相 L は全て理想溶体とする．純物質液相のギブスエネル
ギーは 0（基準）として，各元素の安定構造 α, β, γ に対しては，式(3-4)にな
らってギブスエネルギーを式(3-22)で与えた．この場合，三元素，三種類の結
晶構造になるため，固相のエンドメンバーは九種となる（$^0G_m^{\alpha\text{-}A}, {}^0G_m^{\beta\text{-}A}, {}^0G_m^{\gamma\text{-}A}$,
$^0G_m^{\alpha\text{-}B}, {}^0G_m^{\beta\text{-}B}, {}^0G_m^{\gamma\text{-}B}, {}^0G_m^{\alpha\text{-}C}, {}^0G_m^{\beta\text{-}C}, {}^0G_m^{\gamma\text{-}C}$）．各元素の安定構造のエンドメンバーのギ
ブスエネルギーは，結晶構造 α の元素 A の融点は 800 K，結晶構造 β の元素
B の融点は 900 K，結晶構造 γ の元素 C の融点は 1000 K として与えた．

$$^0G_m^{\alpha\text{-}A} = -800R + RT \text{ J mol}^{-1}$$
$$^0G_m^{\beta\text{-}B} = -900R + RT \text{ J mol}^{-1}$$
$$^0G_m^{\gamma\text{-}C} = -1000R + RT \text{ J mol}^{-1}$$
$$^0G_m^{\text{liq-}A} = {}^0G_m^{\text{liq-}B} = {}^0G_m^{\text{liq-}C} = 0 \text{ J mol}^{-1} \tag{3-22}$$

上記，三種類のエンドメンバー以外の準安定エンドメンバーに対しては
$+10000$ J mol^{-1} を加えて次式で与えた．

$$^0G_m^{\alpha\text{-}i} = +10000 - 800R + RT \text{ J mol}^{-1}$$
$$^0G_m^{\beta\text{-}i} = +10000 - 900R + RT \text{ J mol}^{-1}$$
$$^0G_m^{\gamma\text{-}i} = +10000 - 1000R + RT \text{ J mol}^{-1} \tag{3-23}$$

ここで $i = $ A, B, C（式(3-22)以外）である．

　A–B–C 三元素状態図の各温度における等温断面図の計算結果を**図 3.22**
（b）〜（d）に示す．これらは，式(3-22)，(3-23)を用いて計算した，温度
900 K，700 K，570 K における等温断面状態図である．図中の点線は平衡する
二相のタイラインである．図 3.22（d）の B–C 二元系近傍の三角形は，
L$+\beta+\gamma$ の三相が平衡していることを示しており三相三角形と呼ぶ（二元系で
は $P=3$ で $f=0$ であったが，三元系では $f=1$ となる）．また，各温度におけ
る液相線を図 3.22（a）の底面の三角グラフに投影したものを液相面投影図

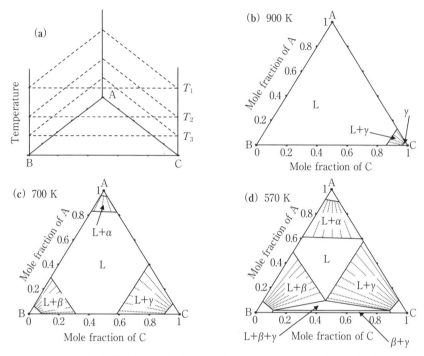

図 3.22 (a) 温度を縦軸とした A-B-C 三元系状態図の立体図，(b) 900 K，(c) 700 K，(d) 570 K における A-B-C 三元系状態図の等温断面．二相域の点線はタイライン[B6]．

と呼ぶ．実際の状態図計算ソフトウェアでは，図 3.22 (b)～(d) のようにある刻みで温度を変えて等温断面図を求め，各温度での固相のゼロフラクションラインを重ね合わせることで液相面投影図を求めている（図 3.21 参照）．計算量も多くこれを手計算で行うのはほぼ不可能である．このような複雑な熱力学計算が実行できるようになったのは現在の熱力学データベースとソフトウェアの発展の大きな恩恵である．

温度刻みを 100 K とした場合の計算結果を**図 3.23** に示す．3.1 節でも触れたが，全て理想溶体でも各二元系が共晶型の状態図となる（付録 A8 参照）．図中の 900 K，700 K の等温線が図 3.22 (b)～(c) の液相線に対応する．図に示したように，この場合の三元系を囲む各二元系状態図（A-B, A-C, B-

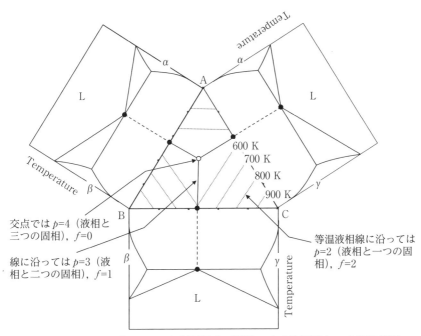

図 3.23 二元系状態図と三元系状態図の関係．三元状態図中の点線は等温液相線（図 3.19 の等温線を底面に投影したもの）[B6]．

C）は共晶型である．二元系状態図と三元系状態図の関連を眺められるので，図 3.23 のように液相面投影図（または等温断面図）の周りに二元系状態図を配した図（図 3.20 の三角柱の展開図に相当する）がよく用いられている．二元系では共晶反応（液相⇔固相 1 + 固相 2）は不変反応であったが，三元系では $f=C+1-p=3+1-3=1$ なので一変系反応（Mono-variant reaction）と呼ぶ（液相面投影図中の実線，● から ○ へ向かうにつれて反応温度が低下する）．反応曲線の交点 ○ では四つの相が平衡する点（$p=4$, $f=0$）で不変反応点である（二元系状態図の共晶点や包晶点に相当する）．この三元状態図例における不変反応は，共晶反応となり次式で表される（共晶点組成の液相を冷却すると，共晶点で固相 α, β, γ が同時に晶出する）．

$$L \Leftrightarrow \alpha + \beta + \gamma \tag{3-24}$$

図 3.21，3.22 は温度一定における等温状態図であったが，次に立体三元状

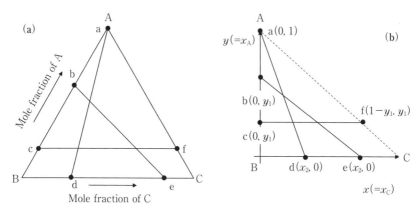

図 3.24 三元系状態図の縦断面を求めるときの条件式の導出. (a) 正三角形プロット上の縦断面線と (b) 直交座標上の縦断面線と各点の (x, y) 座標.

態図（図 3.22（a））の縦断面図を取り上げる．縦軸には温度を取り，横軸には，$x_A + x_B + x_C = 1$ に加えて，組成に関する条件を一つ付加して残った独立な組成変数を取ればよい．このような縦断面状態図には次の三つ場合が考えられる（**図 3.24** 参照）．i）三つの成分濃度の一つを固定する場合（線 c-f），ii）三つの成分のうち二つの成分濃度比を固定する場合（線 a-d），iii）異なる二元系状態図上の化合物組成間を結ぶ場合（線 b-e）．図 3.24（a）はこれらの切断線を示したものである．これらの条件式は，三角グラフを直交座標系（図 3.24（b））で考えれば，二点間 (X_1, Y_1)-(X_2, Y_2) を結ぶ直線の方程式となる（変数は元素 A と C のモルフラクション x_A と x_C）．すなわち，

$$x_A = \frac{Y_2 - Y_1}{X_2 - X_1} x_C + \frac{Y_1 X_2 - Y_2 X_1}{X_2 - X_1} \qquad (3\text{-}25)$$

式(3-25)から，i）に対しては $X_1 = 0$, $X_2 = 1 - y_1$ なので，$x_A = y_1$．ii）に対しては $X_1 = 0$, $Y_1 = 1$, $X_2 = x_2$, $Y_2 = 0$ なので，$x_A = -\frac{1}{x_2} x_C + 1$．iii）に対しては $x_1 = 0$, $Y_1 = y_1$, $X_2 = x_2$, $y_2 = 0$ なので，$x_A = -\frac{y_1}{x_2} x_C + y_1$．Thermo-Calc で条件を入力する場合には左辺に変数，右辺には実数のみ（すなわち変数は入力で

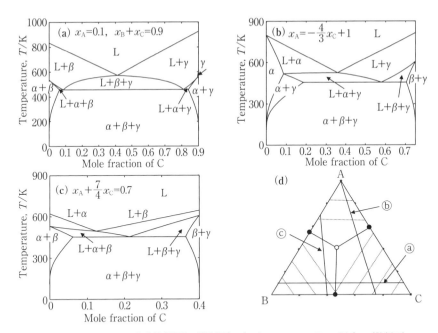

図 3.25 A-B-C 三元系状態図の縦断面．（a）$x_A=10\,\mathrm{at\%}$ の場合の縦断面，（b）$x_B/x_C=1/3$ の場合，（c）A-30 at%B から C-60 at%B への断面，（d）三元系状態図（液相線投影図）上の縦断組成．

きない）を記述するため ii) と iii) はそれぞれ $x_A+\dfrac{1}{x_2}x_C=1$, $x_A+\dfrac{y_1}{x_2}x_C=y_1$ と記述する．PANDAT では直接，点 b，点 e の座標（温度と組成）を入力して状態図を計算するため，i)～iii) のような条件式を入力する必要はない．

図 3.25（a）～（c）に計算結果を示す．（a）～（c）は，図 3.25（d）中の直線ⓐ～ⓒにおける縦断面状態図に対応している．二元系状態図では，例えば図 3.1（c）に示したように，タイラインから平衡する相の組成を読み取ることができるが，これら三元系の縦断面図からは，タイラインに沿って縦断面を切るなどの特別な場合を除いて，平衡する相の種類はわかってもその組成を読み取ることができない（平衡している各相の組成を知るには等温断面図を用いる）．多元系状態図の読み方に関しては，例えば参考文献[5]が参考になるだろう．

3.3 状態図の相境界のルール

状態図の相境界に関しては熱力学的に導かれるいくつかの規則があり，これらは計算により状態図を求める場合には必然的に満たされている．しかし実験で状態図を求める場合には，得られた平衡相境界をどのように結んで状態図を描いたらいいのかここで取り上げる四つのルールが参考になるだろう．

シュライネマーカースの束（Schreinemakers' bundle）は，不変点（**図3.26**の a, b, c 点）に集まる相境界（線の束）に関する法則で，図 3.26 の三相（α, β, γ 相）からなる A-B-C 三元系状態図を用いて説明する．図中の三角形 abc は三相が共存する領域で三相三角形と呼ばれる．図 3.26（a）の点 a に点線で示すように，$\alpha/(\alpha+\beta)$，$\alpha/(\alpha+\gamma)$ の 2 本の相境界を外挿すると共に三相域へ向かうか，共に二相域へ向かうかのどちらかになる（図 3.26（a）の点 b, 点 c でも同様）．図中の三相域の頂点 a に注目してみよう．内部エネルギー U の二階微分は，マックスウェルの関係式と式(1-22)から，次式で表される．

$$\frac{\partial^2 U}{\partial N_b \partial N_c} = \left(\frac{\partial \mu_b}{\partial N_c}\right)_{N_b} = \left(\frac{\partial \mu_c}{\partial N_b}\right)_{N_c} \tag{3-26}$$

一方の相境界が三相域へ向かっているとき（図中の点 a と点線），N_b の増加

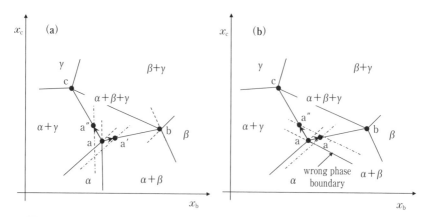

図 3.26 シュライネマーカース則の模式図．（a）点 a で単相境界の延長線が共に三相領域に入る場合，点 b, c は共に二相領域に入る場合，（b）点 a で延長線がそれぞれ二相領域と三相領域へ入る誤った相境界[C15]．

(点aから点a'への矢印の変化に相当する)によって，一点鎖線は点aよりも点cから遠い位置で等ポテンシャル線を横切ることになる．すなわち，N_bの増加によりμ_cが減少する（付録A9参照）．

$$\left(\frac{\partial \mu_c}{\partial N_b}\right)_{N_c} < 0 \tag{3-27}$$

マックスウェルの関係式から，もう一方の単相境界の延長線については，N_cの増加（点aから点a''への変化に相当する）に対して，μ_bが減少しなければならない．すなわち，

$$\left(\frac{\partial \mu_b}{\partial N_c}\right)_{N_b} < 0 \tag{3-28}$$

一方で，図3.26（b）の点aのように，二相域と三相域へ向かう延長線が混在していると，式(3-27)，(3-28)の符号が異なってしまう．したがって両方

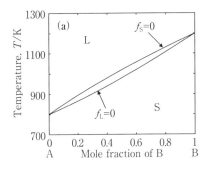
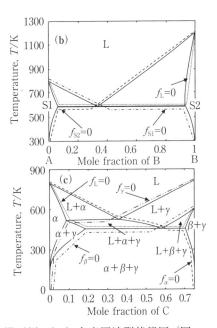

図 3.27 ゼロフラクションラインの描画例．（a）全率固溶型状態図（図 3.1（c）），（b）共晶型状態図（図 3.3（a）），（c）三元系の縦断面状態図（図 3.25（b））．f_ϕはϕ相のフラクション．

の延長線が三相域(または二相域)へ向かっていなければマックスウェルの関係式と矛盾するため,図3.26(b)の点aの相境界は誤った相境界である.逆に一方の相境界が二相域へ向かっているときには(図3.26(a)の点b),式(3-27),(3-28)が共に正になり,両方の外挿線が二相域へ向かうことになる(付録A9参照).

第二番目としてゼロフラクションライン(Zero fraction line)を取り上げる.ゼロフラクションラインとは,ある相の割合が0になり得る境界を結んだ線である(**図3.27**(b)の共晶点などの不変反応点では共存できる).例えば図3.27(a)に示したように,固相線(液相量が0)や液相線(固相量が0)がその例である.図中のfは添え字の相の割合であり,固相線は$f_L=0$,液相線は$f_S=0$となる.図3.3(a)で取り上げた共晶型状態図の場合には,図3.27(b)のようになる.図3.27(c)は三元系状態図の縦断面の例である.多元系になると相の関係が複雑になってくるために,例えば,ある化合物相の析出限界を知りたい,添加元素に伴う析出限界の変化を知りたいなどの場合には,ゼロフラクションラインを用いることになる.

また,ゼロフラクションラインは多くの相が現れる合金の状態図を組織観察などの実験を元に描こうとするときに便利で,**図3.28**(a)に例として三元

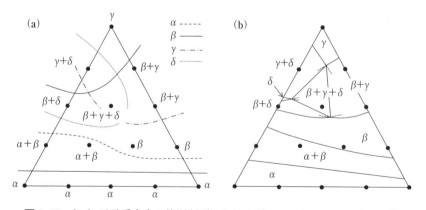

図3.28 (a)三元系合金の等温断面におけるゼロフラクションラインの描画例.曲線は各相のゼロフラクションラインを表す.(b)シュライネマーカース則を考慮して書き加えた相境界[C15].

系の等温断面と実験で得られた相をプロットしてある．曲線はこのデータを基
に書き入れたゼロフラクションラインである．さらにシュライネマーカース則
を考慮すると，図3.28（b）のように相境界を書き入れることができる．

　第三番目として溶解度積（Solubility product）を取り上げる．A-B-C三元
系状態図において固溶体相 α と三元の化学量論化合物 β-$A_aB_bC_c$ が平衡する場
合（$a+b+c=1\,mol$ とする）を考えよう．すなわち，次の溶解反応である．
左辺は固溶体相，右辺は化合物相である．

$$aA+bB+cC \Leftrightarrow A_aB_bC_c \tag{3-29}$$

右辺の化合物 β のモルギブスエネルギーは，式(1-39)を用いて，

$$G_m^\beta = a\mu_A^\beta + b\mu_B^\beta + c\mu_C^\beta \tag{3-30}$$

　α 相と β 相の平衡条件は，ケミカルポテンシャルが等しいことである
（$\mu_A^\alpha + \mu_A^\beta$, $\mu_B^\alpha + \mu_B^\beta$, $\mu_C^\alpha + \mu_C^\beta$）．$\alpha$ 相中の A，B，C のケミカルポテンシャルは，
式(2-56)を用いて，

$$\mu_A^\alpha = {}^0G_m^{\alpha\text{-}A} + RT\ln a_A$$
$$\mu_B^\alpha = {}^0G_m^{\alpha\text{-}B} + RT\ln a_B$$
$$\mu_C^\alpha = {}^0G_m^{\alpha\text{-}C} + RT\ln a_C \tag{3-31}$$

式(3-31)を式(3-30)に代入して整理すると

$$\exp\left(\frac{\Delta G_m^\beta}{RT}\right) = (a_A)^a (a_B)^b (a_C)^c \tag{3-32}$$

ここで，$\Delta G_m^\beta = G_m^\beta - (a^0G_m^{\alpha\text{-}A} + b^0G_m^{\alpha\text{-}B} + c^0G_m^{\alpha\text{-}C})$ である．左辺は式(3-32)の反応
の平衡定数である．また，B，C に比べて A 濃度が十分に大きい場合（希薄溶
体 $a_A \simeq 1$），温度 T を与えると，

$$\exp\left(\frac{\Delta G_m^\beta}{RT}\right) = (a_B)^b (a_C)^c = \text{一定} \tag{3-33}$$

式(3-33)より α 相の境界（溶解度線）は曲線になる．

　この例として Fe-Cr-C 三元系状態図の Fe-rich 側の計算結果を**図3.29**に示
す．ここで，式(3-32)，(3-33)中の元素 A，B，C は，A：Fe，B：Cr，C：
C，$a_B \simeq x_{Cr}$，$a_C \simeq x_C$ である．

　最後にアルケマーデ則（Alkemade theorem）を取り上げよう．アルケマー
デ則とは，二つの異なる相が初晶として晶出する領域の境界線（三元系の液相

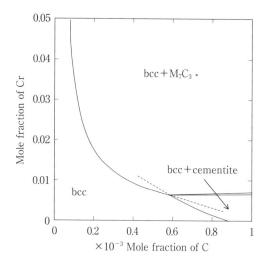

図 3.29 Fe-Cr-C 三元系の Fe-rich 領域（$T=1000$ K, $P=10^5$ Pa）. bcc 相の溶解度線が曲線になっている．また，シュライネマーカース則も満たされている（点線）．Thermo-Calc, TCFE データベース Ver.3 を用いた計算結果[C15].

線投影図における一変系反応線）と二つの相の化学量論組成（**図 3.30** の場合は純物質 A, B, C である）を結んだ直線（アルケマーデ線）との交点における液相線勾配に関する法則である．図 3.30（a）に示した A-B-C 三元系の液相線投影図（図 3.23 と同じ）を用いて説明する．各相は理想溶体とし，エンドメンバーのギブスエネルギーは式(3-22), (3-23)を用いた．この状態図では，Aadc で囲まれた組成域では α 相（図中の番号 1）が初晶として晶出する．同様に Badb では β 相（図中の番号 2），Cbdc では γ 相（図中の番号 3）が初晶として現れる．これら初晶域の境界線は，ad（α と β の晶出境界），bd（β と γ の晶出境界），cd（α と γ の晶出境界）になる（これらの境界線は三元系では一変系反応線（$f=1$）になる）．化学量論組成は純物質 A, B, C（エンドメンバー）の三つであり，これらを結んだ線がアルケマーデ線である（図中の破線）．アルケマーデ線の描画においては，初晶相とエンドメンバーは 1：1 対応しているので，アルケマーデ線と初晶境界線も 1：1 で対応する（図 3.30（a）では，A-B と a-d, B-C と b-d, A-C と c-d が対応する）．

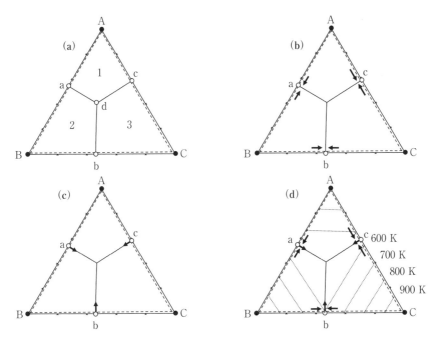

図3.30 （a）図3.23におけるアルケマーデ線（破線）．●はエンドメンバー．アルケマーデ線と一変系反応線の交点．数字1,2,3は，それぞれα相，β相，γ相が融液から初晶として現れる領域（実線で囲まれた領域）．（b）アルケマーデ線に沿い交点に向かって液相線温度が低下する（矢印は温度低下方向）．（c）交点から一変系反応線に沿っては液相線温度が低下する（矢印は温度低下方向）．（d）A-B-C三元系の液相線投影図（点線は等温線）とアルケマーデ則（（a）〜（c）を合わせて示した）[B6]．

したがって，アルケマーデ線と各相の初晶境界線の交点は，点a，b，cの3点である．アルケマーデ則は，これら交点における液相線勾配に関する法則である．すなわちi）アルケマーデ線に沿っては交点が最も温度が低い（図3.30（b）中の矢印の方向に温度が低下する），ii）一変系反応線に沿っては交点が最も温度が高い（図3.30（c）中の矢印の方向に向かって温度が低下する．このことは三元系共晶温度（点d）は必ずどの二元系共晶温度よりも低くなることを意味している）．図3.30（d）は交点における液相線温度の低下方向と等温液相線の計算結果（図中の点線，100 Kごとに示している）であ

る．計算結果とアルケマーデ則が一致していることがわかるだろう．ただし，アルケマーデ則を適用する場合，化合物相は調和融解（コングルーエント融解（例えば**図 3.31**（a）の化合物 BC））するものに限る（包晶反応には適用できない）．

次に図 3.30（d）の B-C 二元系に化学量論化合物 BC が生成する場合を取り上げる．ここで化合物 BC のギブスエネルギーには次式を用いた．

$$^0G_m^{BC} = -2000 + \frac{1}{2}(^0G_m^{\beta\text{-}B} + {^0G_m^{\gamma\text{-}C}}) \tag{3-34}$$

この場合の B-C 二元系状態図を図 3.31（a）に示す．コングルーエント融解

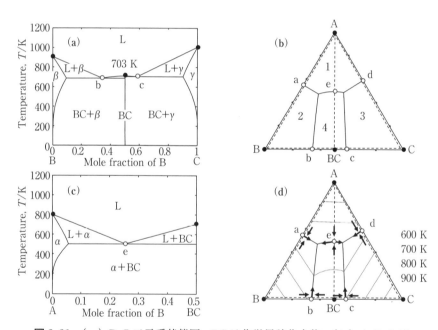

図 3.31 （a）B-C 二元系状態図．BC は化学量論化合物．（b）A-B-C 三元系の液相線投影図とアルケマーデ線．破線はアルケマーデ線．●はエンドメンバー，○はアルケマーデ線と一変系反応線との交点．数字 1, 2, 3, 4 は，それぞれ α 相，β 相，γ 相，BC 相が融液から初晶として現れる領域（実線で囲まれた領域）．（c）（d）中の A-BC を通る縦断面（A-BC 擬二元系状態図）．（d）液相線投影図とアルケマーデ則（矢印は温度低下方向，点線は等温線）[B6]．

点 T_C は, ${}^0G_\mathrm{m}^\mathrm{BC}=G_\mathrm{m}^\mathrm{liq}$ となる温度を求めればよい. 式(3-5), (3-22), (3-34)から (すなわち $-2000-950R+RT=RT\ln(1/2)$) T_C を求めると, 約 703 K になる. 図 3.31 (b) は液相線投影図であり, それぞれ 1, 2, 3, 4 は α相, β相, γ相, BC 相の初晶領域である. エンドメンバーは, A, B, C, BC の四つになり, これらを結んだ線がアルケマーデ線である (図中の破線). 図 3.31 (d) にアルケマーデ則による液相線勾配と等温液相線 (図中の点線, 100 K ごとに示している) を示す.

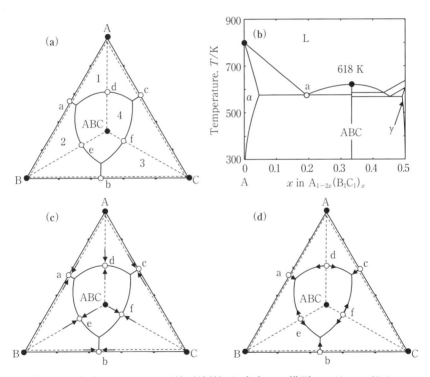

図 3.32 (a) アルケマーデ線 (破線) と交点○の描画. ●はエンドメンバー. 数字 1, 2, 3, 4 は, それぞれ α相, β相, γ相, ABC 相が融液から初晶として現れる領域 (実線で囲まれている領域). (b) A-ABC を通る縦断面状態図 ($x_\mathrm{B}/x_\mathrm{C}=1$ 断面). (c) 一変系反応線に沿っては交点が最も温度が高くなる. 矢印は温度低下の方向. (d) アルケマーデ線に沿っては交点が最も温度が低くなる[B6].

次に BC 二元系化合物に代わって，三元系化合物 ABC が生成する場合を考えよう．ここで化合物 ABC のギブスエネルギーは次式を用いた．

$$^0G_m^{ABC} = -3300 + \frac{1}{3}(^0G_m^{\alpha \cdot A} + {}^0G_m^{\beta \cdot B} + {}^0G_m^{\gamma \cdot C}) \tag{3-35}$$

得られた液相面を**図 3.32**（a）に示す（同様にコングルーエント融解点を求めると約 618 K になる）．1〜4 の数字はそれぞれ初晶が α 相，β 相，γ 相，ABC 化合物となる領域である．この状態図には四つの化学量論組成（A，B，C，ABC）があり，それらを結んだ直線がアルケマーデ線（図中の破線）である．6 本のアルケマーデ線が描画でき，反応曲線と六つの交点（a〜f）がある．図 3.32（b）に，A と ABC を通る縦断面状態図を示す．図 3.32（c），(d) に，アルケマーデ線に沿った矢印と一変系反応線に沿った矢印を示す（矢印は温度が下がる方向に向いている）．

図 3.33 は液相面に等温線（50 K 刻み）を書き加え，図 3.32 と比較したものである．矢印の向きと液相線温度が低下する方向が一致していることがわかる．アルケマーデ則の熱力学的取り扱いに関しては，例えば参考文献[6]が参考になる．

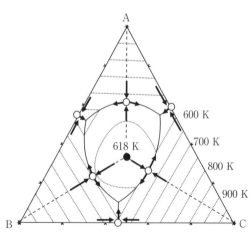

図 3.33 液相線投影図とアルケマーデ則．点線は等温線[B6]．

3.4 実際の計算状態図

　熱力学データベースに集録されていたり，論文として報告されている熱力学パラメーターは，実験的に測定された比熱，活量，混合のエンタルピー，相平衡などの種々の熱力学量を熱力学モデルに基づいて総合的に解析しモデルのパラメーターをそれら実験値が最もよく再現できるように最適化されたものである．実験データが十分に揃っていれば，十分な精度で各相のギブスエネルギー関数を決めることができるが，実用合金のように多くの元素からなる場合には，必ずしも必要な全ての実験データが揃っているとは限らない．したがって，計算結果と実験結果が一致してもしなくても，実験における測定条件や測定精度と共に，計算結果の妥当性についても議論が必要となる．

　本節では，論文として報告されている実際の熱力学アセスメントの結果や熱力学データベースに収録されている二元系合金を例に，状態図を計算するときに注意すべき点について説明する．

3.4.1 必要なパラメーターの有無の確認

　Thermo-Calc では，これから計算しようとする合金系のパラメーターを，指定した熱力学データベース中に見つけることができなかった場合には，足りないパラメーターのリストが MISSING. LIS のファイル名で，Thermo-Calc を立ち上げたディレクトリに自動的に作成される．

　しかし，熱力学データベースによっては，パラメーターが揃っていなくても MISSING.LIS に出力されない場合（データベースファイルの拡張子が TDC の場合には出力されない）があるので，必要なパラメーターの有無を確認するには，実際にはこのファイルチェックだけでは不十分である．また，ここでは一元系，二元系のパラメーターの有無をチェックするだけであり，メッセージが出ていないからといって，三元系以上の計算の妥当性を保証するものではない．そして，ここではデータベース内で定義されている相のパラメーターの有無をチェックしているだけであり，例えば化合物相など，その相自体がデータベース中で定義されていない場合には何も出力されない．しかし，必要なパラメーターが全て揃っていなくても相平衡計算や熱力学量の計算をすることはで

きるが，この場合，定義されているパラメーター以外のパラメーターは全て0として計算される．いくつかの合金系（例えば理想溶液に近い場合など）では，まれに0がそのパラメーターのよい近似値となっている場合もあるかもしれないが，多くの場合はそれでは不十分である．このように熱力学アセスメントが行われていない，または行われていてもそのデータベースに集録されていないために0とされているパラメーターもあるが，一方で実験データを使って熱力学評価が行われた結果，0と決められたパラメーターもある．この両者を区別するために，熱力学データベースでは，関数"UN_ASS"と関数"ZERO"が定義されている．これらは共に同じ0を与える関数であるが，UN_ASSは熱力学評価がなされていないために0としているパラメーターに用いられ，ZEROは熱力学評価により0と決められたパラメーターに用いられている．

3.4.2 パラメーターの有効範囲の確認

ここでは有効な温度範囲と組成範囲について取り上げよう．

各パラメーターには，通常そのパラメーターが有効な温度範囲が設定されている．例えばAu-Ni二元系の液相のパラメーター[7]であれば，TDBファイル（表1.1脚注参照）には次のように書かれている．

Parameter G (LIQUID, AU, NI ; 0) 298.15 ＋9500－5.429*T ; 6000 N!

$$(3\text{-}36)$$

ここで，298.15と6000は，液相のR-K級数第一項（$n=0$）

$$L^{(0)}_{\mathrm{Au,Ni}} = +9500 - 5.429T \quad (298.15 < T < 6000 \ \mathrm{K}) \tag{3-37}$$

の有効な温度範囲（K）である．この温度範囲（$298.15 < T < 6000 \ \mathrm{K}$）の外に別の関数を定義する場合にはN（No）をY（Yes）としてさらに関数を定義すればよい（付録A10参照）．行の最後の「！」はコマンドの終了を意味している．ここで設定されている温度範囲は，その関数が有効な温度範囲の目安であり，その範囲を超えても，その温度範囲外に別の関数が定義されていなければ，そのままこの関数が用いられる．例えば，300～6000Kと温度範囲が定義されていても，10Kや10000Kの計算を行うことができるが，その計算結果の信頼性は低いと考えるべきである．さらに，多くのパラメーターの有効温度

範囲は，298.15〜6000 K に設定されていることが多いがあまり参考にはならない（5000 K 付近の実験データが測定されている例はないだろう）．そのため，合金系によっては実際には実験で確認されていない相平衡が現れる場合がある．例えば，高温域での液相の相分離，高温域での化合物相が出現，低温域での液相の安定化などが現れるなどの場合があり，298.15〜6000 K と指定されていても，有効な温度範囲は一般に実験できる条件内と考えるべきだろう．

次に有効な組成範囲について取り上げよう．組成範囲が限定されている場合には，各データベースに記載されており，例えば TCFE3 データベース（Thermo-Calc 用の Fe 基合金データベース Ver.3）では，Al は 5 wt% 以下，Co は 15 wt% 以下，Fe は 50 wt% 以上含むなど，有効な組成範囲は Fe-rich 領域に限られている．温度範囲の場合と同様に，記載されている組成範囲を超えて計算することはできるが，信頼性は低いと考えるべきである．

3.4.3　パラメーターの有効範囲外への外挿

実用的に重要な合金系に対しては，関連するほとんどの二元系の熱力学評価がなされているが，多元系合金になると元素の組み合わせは膨大で，三元系に限ってみても熱力学評価が行われている合金系の数は限られている．そのため，二元系のパラメーターのみを使って三元系（多元系）の状態図を計算・推定しなければならないことも多い（組成範囲の外挿）．ここでは，二元系のパラメーターを用いて三元系状態図を推定するときの注意点について述べる．温度範囲の外挿については，問題のある状態図の例として次節で取り扱うことにする．

（1）　準 安 定 相

ここで，Au-Mg-Pb 三元系合金状態図を考えてみよう．この合金系では，Au-Mg，Mg-Pb 二元系には hcp 相が現れるが Au-Pb 二元系には現れない．そのため，Au-Pb 二元系状態図の熱力学アセスメントがなされていても hcp 相中の Au と Pb の相互作用が決められていない（実験値がないので決めることができない）．

例えば hcp 相を含めて Au-Pb 二元系状態図を計算すると，本来は準安定で

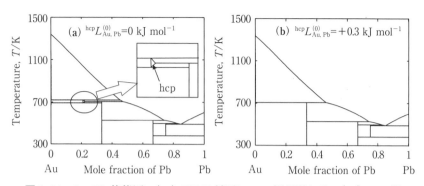

図 3.34 Au-Pb 状態図．（a）700 K 付近に hcp 相が現れる．（b）hcp 相中の Au と Pb の相互作用パラメータを正（$^{hcp}L_{Au,Pb}^{(0)} = +0.3 \text{ kJ mol}^{-1}$）にした場合の計算結果[D7]．

あるべき hcp 相が 700 K 付近に安定相として現れてしまう（**図 3.34**（a）参照）．この合金系ように，ギブスエネルギーを実験的に求めることができない準安定相に対しては，近年では第一原理計算（4 章を参照），クラスター展開法，クラスター変分法を用いてギブスエネルギーが決められるようになってきた[8]がまだ広く行われてはいない．そのため，Au-Pb 系のように準安定であるべき相が安定相として現れてしまう場合には，便宜的にその相中の相互作用パラメーターとして正の値（反発型の相互作用）が与えられていることが多い（+1, +10, +100 kJ mol^{-1} など切りのいい値が多い）．Au-Pb 系においても，hcp 相を準安定にするには，hcp 相中の Au と Pb の相互作用パラメーターに正の値を与えればよい．図 3.34（b）では +0.3 kJ mol^{-1} を与えた場合の状態図の計算結果を示しており，それにより hcp 相を平衡状態図から消すことができる．しかし，Au-Pb 二元系の hcp 相のギブスエネルギーを熱力学アセスメントによって決めているわけではないため，この場合には，Au-Mg-Pb 三元系[9]における Au-Pb 二元系近傍の hcp 相のギブスエネルギーの信頼性は低いと考えるべきである．

（2） 化合物相

二元系のパラメーターのみ使って多元系状態図を計算しても，そこには多元

化合物は含まれない．したがって，得られた状態図は，それらの多元化合物が関与する相平衡を含まない準安定平衡状態図となる．また，二元系状態図に現れる化合物相への第三元素の固溶は考慮されない．したがって，同じ結晶構造の化合物が，計算しようとする多元系に含まれる複数の二元系状態図に現れる場合には，相互に溶解度を持ち，実際の相平衡とは異なることが予想される．

3.4.4 問題のある状態図の例

（1） 高温域での液相の相分離

一般的に，合金であれば高温側ではエントロピー項の寄与が大きくなるため混ざり合う傾向を持つが，いくつかの合金系では高温域での液相の相分離が現れる場合がある（ジエチルアミン水溶液など有機化合物では見られることもあるが，合金系ではその例はない）．

このような状態図の例として Fe-Si と Sn-Zr 二元系状態図[10]の計算結果を図 3.35（a），（b）に示す（約 2000 K 以上の温度域で液相の二相領域が広く現れている）．COST データベースは，欧州科学技術研究協力（COST：European cooperation in the field of scientific and technical research）プロジェクトにおいて構築されたデータベースである[10]．このデータベースを用いて熱力学パラメーターの有効温度範囲を確認してみよう．Fe と Si のデータは，SGTE Pure データベース（表 1.2）が用いられており，そこでは Fe は

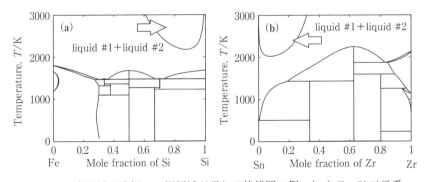

図 3.35 高温域で液相の二相領域が現れる状態図の例．（a）Fe-Si 二元系状態図，（b）Sn-Zr 二元系状態図（COST データベース[10]）[D7]．

298.15～6000 K, Si は 298.15～3600 K となっている．原論文では温度範囲の指定はされていないが，最も温度が高いデータ点で 1873 K の測定データ（活量係数と混合エンタルピー）が用いられていることから，それよりも高温側の液相のギブスエネルギーはそこからの外挿となる．したがって，この合金系に表れた液相の相分離は，パラメーターの有効な温度の上限を超えて計算を行ったために現れたと考えられる．

(2) 高温での再凝固

一度融解した後，さらに温度を上げてゆくと再び現れるはずのない固相が晶出する計算状態図がある（逆転固相線（Retrograge solidus）と呼ばれ，実際に再凝固が生じる例もある（Ag-Pd，Ag-Bi 二元系状態図など））．

このような状態図の例としては，Ni-Ti 系があげられる（**図 3.36**（a）参照）．約 2000 K 以上で Ni-rich 側に Ni$_3$Ti 化合物が現れているが，この条件下では液相単相となるべきである．パラメーターを見ると $L_{Ni:Ni,Ti}^{(0)}$ の温度依存項（例えば式(2-66)参照）が大きく 1350 K 付近でパラメーターの符号が逆転し負となる（Ni$_3$Ti 相のギブスエネルギーを下げる）ことがわかる．これは，温度の上昇に伴って Ni$_3$Ti が安定になることを意味しており，Ni$_3$Ti 化合物が現れた原因の一つと考えられる．パラメーターの温度依存項は，広い温度域に渡る実験データがあればよいが，限られた温度域の実験データから求める場合も

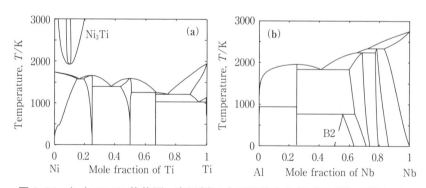

図 3.36 （a）Ni-Ti 状態図，高温側に金属間化合物相（Ni$_3$Ti）が現れる．（b）Al-Nb 状態図（COST データベース[10]．低温域に B2 相が現れる[D7]．

多く，この例のように高温や低温側への外挿により固相や液相の再安定化など
の問題を引き起こしやすい．本来現れるはずのない温度・組成域で化合物相が
現れる他の状態図の例としては，Co-Si 状態図（一度融解した後に再び fcc 相
と hcp 相が現れる）や Al-Nb 状態図（低温域で B2 相が出現する（図 3.36
（ b ）参照））などがあげられる．

3.5 アモルファス相の取り扱い

　熱力学アセスメントでは，その相が安定な領域だけではなく準安定な領域ま
でを含めたギブスエネルギー関数が決められる（その信頼性は十分検討しなけ
ればならないが）．すなわち，状態図を計算するといった場合には，安定系の
相平衡の計算だけではなく，図 3.3 (a) の準安定液相の溶解度ギャップなど
の準安定系の相平衡の計算も可能である．出発点としてある準安定系を決めれ
ば，その系がどのような安定系に向かうのかを計算である程度予測できること
になる．ここではその適用例として，過冷却液相（準安定系）からの結晶相の
晶出（安定系）とアモルファス形成能の評価について取り上げる．

3.5.1 アモルファス相

　液相中で原子や分子はランダムな配置をしているが，液相線温度以下に冷却
することで，液相から特定の格子点を占める結晶へと変態する（原子の再配列
が生じる）．このときに，冷却速度が十分に速いと，結晶の格子点に原子が移
動，整列することができずに，液相中のランダムな原子配置がそのまま凍結さ
れる．ここで得られた相は，原子の配列は液相と類似しているが，流動性がな
い（粘性が高い）ため固体に属し，アモルファス固体と呼ばれている．

　石英ガラスなどの非金属系のアモルファス固体は古くから知られているが，
ここで取り上げる金属ガラスは，70 年代になって急速に研究や応用が進展し
た材料である．近年では，急冷（～10^7 K s^{-1}）が必須であった従来のアモル
ファス合金[11]と異なり，普通鋳造程度の遅い冷却速度（～10 K s^{-1}）でもア
モルファス化する合金が数多く発見されている．それにより大型のアモルファ
ス合金の作成が可能となり，幅広い応用が期待されている．

154 　　　　　　　　　第 3 章　計算状態図

　アモルファス固体を室温から徐々に加熱して行くと，結晶化に先立って吸熱反応が現れる場合がある．この吸熱反応はアモルファス固体から過冷却液体への転移に相当し，ガラス転移と呼ばれている．そして，アモルファス固体の中で，ガラス転移が観察されるものを特に"ガラス"と呼び，結晶化の前にガラス転移が観察されない他のアモルファス固体と区別している．高分子や酸化物ガラスにおいては，ガラス転移は広く観察されており，融点 T_m（または液相線温度）とガラス転移温度（T_g）の間に $T_g/T_m \approx 1/2 \sim /3$ の経験則が見出されている．また，この経験則は金属ガラスにも当てはまることが知られている[12]．

　実験的にガラスが得られやすいかどうかを表す指標として，ガラス形成能がある．具体的なガラス形成能の指標としては，液相線温度（共晶温度，図 3.8（ a ）），T_0 曲線（液相と固相のモルギブスエネルギーが等しくなる温度−組成曲線），結晶化の駆動力（図 1.9 の ΔG_m^θ），過冷却液体温度幅，ガラス転移温度，結晶化温度，臨界サイズ（同一プロセスで液相を急冷したときにアモルファス化できる最大サイズ），臨界冷却速度などが用いられている．図 3.8（ a ）のように合金化によって，液相線温度や共晶温度が低下すればするほど，固相より液相が低温まで安定に存在できることを意味しており，経験的にも深い共晶組成付近ではアモルファス固体を作りやすい．液相線，共晶温度とは状態図そのものであり，状態図がわかっていれば，ガラス形成能の高い組成域を推定することが可能であるといえる．

3.5.2　臨界冷却速度の計算

　合金系が決まっていれば，液相線温度の高低や結晶化の駆動力の大小を比べることで，その中でのガラス形成能に関して高低を予測できる．しかし，異なる合金系の比較を考えると，例えば，低融点元素は高融点元素よりもガラス形成能が高いことになってしまうなど，それらをガラス形成能の指標として用いるのは難しく，その場合にはアモルファス形成のための臨界冷却速度の推定が必要である．液相単相域から液相線温度以下の温度 T へ急冷し等温保持する場合を考える．このとき，保持時間 t 後に生成される結晶の体積分率 X は，Johnson-Mehl-Avrami の速度論的取り扱い[13]によると，結晶化の初期段階

では結晶の体積分率が1よりも十分に小さい（$X \ll 1$）と仮定して，次式で表される.

$$X = 1 - \exp\left(-\frac{\pi}{3} I U^3 t^n\right) \simeq \frac{\pi}{3} I U^3 t^n \tag{3-38}$$

ここで，Iは単位体積当たりの核生成頻度，Uは核の成長速度である．指数 n は，結晶の晶出機構によって異なるが，結晶化の初期段階では，核生成速度一定，成長速度一定，三次元成長であると仮定してと $n=4$ を用いる．核生成頻度は均質生成理論から次式で与える[14, 15].

$$I = \frac{D_n N_v}{4 r_0^2} \exp\left(-\frac{G^*}{k_B T}\right) \tag{3-39}$$

ここで，D_n は核-液相界面における原子の拡散係数，N_v は単位体積当たりの原子数，k_B はボルツマン定数，r_0 は原子半径，T は温度，G^* は球形の臨界結晶核が生成するときのギブスエネルギーである．指数項は単位体積当たりの臨界核の濃度，前指数項は臨界角近傍の原子が臨界核に取り込まれる確率を現している．ここで G^* は次式で与えられる[14, 15].

$$G^* = \frac{16 \pi \sigma_m^3}{3 N_{Av} G_m^2} \tag{3-40}$$

ここで，N_{Av} はアボガドロ数，σ_m は原子 1 mol 当たりに換算した固液界面エネルギー（$\mathrm{J\,mol^{-1}}$）[15]，G_m は結晶化の駆動力（図 1.9 の ΔG_m^θ）であり，過冷度 ΔT が（$= T_m - T$, T_m は液相線温度）小さい場合には ΔT に比例するが，過冷度が大きくなると化合物形成傾向が強い合金系では液相の短範囲規則度の影響によりよい近似とならない（低温で液相が大きく安定化される）．固液界面エネルギーの実験値は少ないが，経験的に融解のエンタルピーと直線関係があることが知られている.

$$\sigma_m = \alpha H_m^f \tag{3-41}$$

ここで，H_m^f は融解のモルエンタルピー，α は定数で経験的に 0.41 と与えられている[13]．核生成頻度を求めるために必要となる結晶化の駆動力と融解のエンタルピーは，熱力学計算ソフトウェアにより求めることができる．式(3-38)の結晶核の成長速度 U は，次式で与えられる.

$$U = \frac{f D_g}{2 r_0}\left[1 - \exp\left(-\frac{G'}{k_B T}\right)\right] \tag{3-42}$$

ここで，G' は G_m/N_{Av} で1原子当たりの結晶化の駆動力である．f は固液界面での原子の移動しうるサイトの割合で，固相のファセット成長（特定の結晶面を持って成長する）を考え，次の近似式が提案されている[13]．

$$f = 0.2\Delta T_r \qquad (3\text{-}43)$$

ここで，ΔT_r は融点で規格化した過冷度 $\Delta T_r = (T_m - T)/T_m$ である．式(3-42)中の D_g は結晶-液相界面における原子の拡散係数，R は気体定数である．ここで，D_g と式(3-39)中の D_n は，液相中の原子の拡散係数 D と等しいと仮定し，Stokes-Einstein の式[16]を用いて液相の粘性係数 η の関数として式(3-21)で与える．

$$D = \frac{k_B T}{6\pi r_0 \eta} \qquad (3\text{-}44)$$

したがって，式(3-39)，(3-42)，(3-44)を式(3-38)に代入・整理すると，生成される結晶の体積分率が X になるまでに必要な保持時間 t は，次式で与えられる．

$$t = \left(\frac{3X}{\pi I U^3}\right)^{\frac{1}{4}} = \frac{44.3\eta}{k_B T}\left\{\frac{r_0^9 X}{f^3 N_v}\frac{\exp\left(\dfrac{G^*}{k_B T}\right)}{\left[1-\exp\left(-\dfrac{G'}{k_B T}\right)\right]^3}\right\}^{\frac{1}{4}} \qquad (3\text{-}45)$$

式(3-45)中の定数は，$X = 10^{-6}$ が用いられている．これは初晶晶出が観察できる最小の固相率で，実験手法に依存するが，同じ値が用いられている．また，原子半径とモル体積は本来元素や組成によって変化するが，合金系に寄らず $r_0 = 0.14$ nm, $N_v = 5 \times 10^{28}$ atoms m^{-3} が用いられている[13]（これらは Al の値に相当している．例えば Fe に対しては $r_0 = 0.125$ nm, $N_v = 8 \times 10^{28}$ atoms m^{-3} であり元素による差が t に及ぼす影響は小さい）．式(3-45)は，液相単相域から液相線温度以下の温度 T へ急冷，等温保持したときに，体積分率が X になるまで結晶が成長するのに要する時間 t を表しており，TTT 曲線（Time Temperature Transformation curve），または恒温変態曲線と呼ばれている．過冷度が小さい領域では成長速度 U は速いが核生成頻度 I が低く，過冷度が大きくなると核生成頻度は増加するが拡散係数の低下により成長速度が遅くなる．

　その結果ある温度域で，図 3.37 に模式的に示したように，C 字形の曲線と

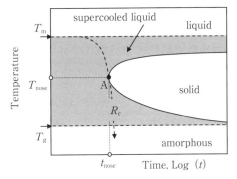

図 3.37 TTT 曲線の模式図(グレーの領域が過冷却液相領域).冷却速度が臨界冷却速度:R_c よりも速い場合にアモルファス相を得ることができる[D7].

なる.液相を冷却してガラスを得るためには,この曲線と交わらないような冷却速度で低温まで冷却すればよい.ここで,ガラスが得られる最小の冷却速度のことを臨界冷却速度 R_c と呼び,その目安は TTT 曲線のノーズ(図中の点A)の温度 T_{nose} と時間 t_{nose} から,次式で与えられる.

$$R_c = \frac{T_m - T_{nose}}{t_{nose}} \tag{3-46}$$

式(3-45)を用いて TTT 曲線を計算するためには,粘性係数 η を与える必要がある.粘性係数は,温度の低下に伴って増大し,ガラス転移温度付近では約 10^{12} Pa·s (10^{13} Poise)になることが知られている.粘性係数の温度依存性は,Vogel-Fulture-Tammann の式によって表される[17].

$$\eta = \eta_0 \exp\left(\frac{\theta}{T - T_K}\right) \tag{3-47}$$

ここで,η_0, θ は定数,T_K は Kauzmann 温度(理想ガラス化温度)である.式(3-47)中の定数は,液体合金($T > T_g$)における粘性係数の実測値と $T = T_g$ で $\eta = 10^{12}$ Pa·s を用いて決定することができる.しかし,液体合金の粘性係数は測定されていない場合が多く,その場合には次に示す Doolittle の式[13]を用いることによって,融点とガラス転移温度との間の温度域での粘性を求めることができる.

$$\eta = A \exp\left(\frac{B}{f_T}\right) \tag{3-48}$$

$$f_T = C \exp\left(-\frac{E_H}{RT}\right) \tag{3-49}$$

ここで，A, B, C は定数，E_H は空孔生成エネルギー（J mol^{-1}）である．いくつかの金属ガラス（Au 系，Pd 系合金）の実験データの解析から，E_H と T_g には次の関係が示されている[18]．

$$E_H = 57.8 T_g - 5850 \text{ J mol}^{-1} \tag{3-50}$$

それにより E_H は T_g から推定することができる．f_T は液体の相対自由体積で，0 K での体積 $V_0(0)$ を基準とした体積膨張率で次式で表される．

$$f_T = \frac{V(T) - V_0(0)}{V_0(0)} \tag{3-51}$$

また，$T = T_g$ において，$f_T = 0.13$，$B = 1$，$\eta = 10^{12}$ Pa·s であることが知られており，これらの値を用いることで，T_g さえ既知であれば，定数 C を式(3-49)から求め，式(3-48)から定数 A を決定することができる[13]．

次に実際の合金系に対して，臨界冷却速度の組成依存性の計算を行ってみよう．Cu-Zr 合金の液相の粘性係数を表す式(3-47)の定数は，実験により求められている．Thermo-Calc を用いて融解のエンタルピー（式(3-41)の固液界面エネルギーの推定のため）と結晶化の駆動力（G_m）を求めることで，式(3-45)から TTT 曲線を計算することができる．

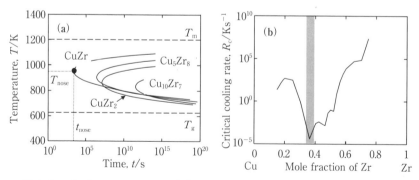

図 3.38 （a）Cu-50 at% Zr 合金における過冷却液相から各固相晶出の TTT 曲線（CuZr 相が最も短時間側にある）．（b）臨界冷却速度の組成依存性．グレーの組成域は最もガラス形成能が高い（最も臨界冷却速度が遅い）[D7]．

3.5 アモルファス相の取り扱い

図 3.38（a）は，Cu-50 at% Zr 合金の過冷却液相から，各金属間化合物が晶出するときの TTT 曲線の計算結果である[19]．最もノーズ位置が短時間側にあるのは CuZr が晶出する場合であり，そのときのノーズ温度 T_{nose} と時間 t_{nose} は，それぞれ 940 K と 2500 s になる．平衡状態図からこの合金の融点 T_m は 1220 K であるので，Cu-50 at% Zr 合金液相を冷却してガラス相を得るために必要な臨界冷却速度は，約 $0.1\ \text{Ks}^{-1}$ と見積もることができる．図 3.38（b）の臨界冷却速度の組成依存性の結果より，Cu-Zr 二元系で最もガラス形成能が高いのは，35 at% Zr 付近であると推定される．一方実験では 35.5 at% Zr 合金においてバルク金属ガラスの作成が報告されており，式(3-45)による推定値と実験結果はよく一致している．図 3.38（b）にはいくつかのミニマムが見られる．これらは，共晶点や包晶点の組成にほぼ対応しており（実際には若干ずれている），図 3.8（a）のように共晶点が深くなると臨界冷却速度も低下する．

同様に Ni-Zr 二元系についても臨界冷却速度の組成依存性を求めた結果を図 3.39 に示す．この計算結果から，Ni-Zr 二元系合金において最もガラス形成能が高いのは，35 at% Zr 付近であることが予想される．両合金系におけるガラス形成能は，臨界冷却速度（図 3.38（b）と図 3.39）を比べれば明らかなように，Cu-Zr 合金の方が Ni-Zr 合金よりも数桁遅い（ゆっくり冷却して

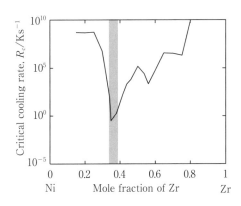

図 3.39 臨界冷却速度の組成依存性．グレーの組成域は最もガラス形成能が高い（最も臨界冷却速度が遅い）[D7]．

もガラスが得られる）ことから，Cu-Zr 合金の方が Ni-Zr 合金よりもガラス形成能が高いことがこの計算結果から推定される．Ni-Zr 合金では T_g の測定が難しいことから，Ni-Zr 合金は，Cu-Zr 合金よりもガラス形成能が低いと考えられており，この計算結果はそれら実験結果を定性的に説明することができる．

式(3-46)において臨界冷却速度に影響を与える因子は，液相の粘性係数 η と結晶化の駆動力 G_m である．Doolittle の式（式(3-48)）を用いて粘性係数を推定するためには，ガラス転移温度が必要になるが，多くの場合 $T_g/T_m \simeq 1/2$ 〜2/3 である[12]．したがって，平衡状態図から得られる情報のみ（結晶化の駆動力 G_m と液相線温度 T_m だけ）によってガラス形成能の推定が可能である．ここで解説した臨界冷却速度によるガラス形成能の推定は，これまでに広く用いられ，成果をあげている[20]．ここで述べた取り扱いの詳細については，例えば文献[12]を参考にしていただきたい．

また，アモルファス固体の作成においては，高温から低温まで連続して冷却するのが普通であり，厳密には，TTT 曲線（急冷，等温保持）ではなく，連続冷却した場合の変態開始を表す連続冷却変態曲線（Continuous Cooling Transformation curve：CCT 曲線）が必要となる．この CCT 曲線を TTT 曲線から推定する方法としては，Manning-Lorig 法や Pumphrey-Jones 法が知られている．ここでは，その参考文献[21, 22]をあげるにとどめておく．

3.6 ま と め

ここで紹介した状態図には複雑な相境界を持つものはないが，例えば二元合金状態図集を眺めると，通常は色々な不変反応が混在していることがわかるだろう．例えば，複数の溶解度ギャップや同素変態など，より複雑で興味深い状態図が多い．ここで説明したように，これら状態図の相境界は，単に実験点を結んだだけではなく，その相境界は熱力学によって与えられる平衡条件を満たしていなければならない．すなわち，状態図のより深い理解のためには，状態図（相平衡）＋ギブスエネルギーの組成依存性＋熱力学モデル（パラメーター）の三者の関連をある程度イメージできるようになることが重要である．

また，本章で取り上げた状態図を計算するための TDB ファイルは，NIMS Thermodynamic Database からダウンロードできる.

参 考 文 献

[1] 西沢泰二：ミクロ組織の熱力学，日本金属学会（2005）.

[2] T. Nishizawa, M. Hasebe and M. Ko : Acta Metall., **27** (1979), 817-828.

[3] J. L. Meijering : Philips Res. Rep., **5** (1950), 333-356.

[4] J. Gröbner, R. Schmic-Fetzer, A. Pisch, G. Cacciamani, P. Riani, N. Parodi, G. Borzone, A. Saccone and R. Ferro : Z. Metalk., **90** (1999), 872-880.

[5] 山口明良：平衡状態図の見方・使い方，講談社サイエンティフィック（1997）.

[6] D. V. Malakhov : CALPHAD, **28** (2004), 209-211.

[7] J. Wang, X.-G. Lu, B. Sundman : CALPHAD, **29** (2005), 263.

[8] H. Czichos, T. Saito and L. Smith (eds.) : Springer handbook of materials measurement methods, Springer (2006), pp. 1001-1030.

[9] J. Wang, H. S. Liu and Z. P. Jin : CALPHAD, **28** (2004), 91.

[10] I. Ansara, A. T. Dinsdale and M. H. Rand : COST507 : Thermochemical Database for Light Metals Alloys, European Communities, Luxembourg (1998).

[11] 竹内　伸，枝川圭一：結晶・準結晶・アモルファス，内田老鶴圃（1997）.

[12] 作花済夫：ガラス科学の基礎と応用，内田老鶴圃（1997）.

[13] N. Saunders and A. P. Miodownik : Mater. Sci. Tech., **4** (1988), 768-777.

[14] H. A. Davies : Phys. Chem. Glasses, **17** (1976), 159-173.

[15] R. D. Uhlmann : J. Non-Cryst. Sol., **7** (1972), 337-347.

[16] K. F. Kelton : Solid State Phys., **45** (1991), 75-177.

[17] F. Yonezawa : Solid Sate Phys., **45** (1991), 179-254.

[18] P. Ramachandrarao, B. Cantor and R. W. Cahn : J. Mater. Sci., **12** (1977), 2488-2502.

[19] T. Abe, M. Shimono, M. Ode and H. Onodera : Acta Mater., **54** (2006), 909-915.

[20] T. Tokunaga, S. Matsumoto, H. Ohtani and M. Hasebe : Mater. Trans., **48** (2007), 2263-2271.

[21] G. M. Manning and C. H. Lorig : Trans. AIME, **167** (1946), 442-450.

[22] W. I. Pumphrey and F. W. Jones : JISI, **159** (1948), 137-145.

計算熱力学編

第4章

熱力学アセスメント

近年，フェーズフィールド法（[計算組織学編]を参照）などに代表されるような，組織シミュレーション手法が広く行われるようになってきており，ギブスエネルギー関数は，その基礎データとして重要性が増してきている．ギブスエネルギー関数を決めるためには，熱量測定，結晶構造解析，組織観察，活量測定など，一つ一つの熱力学測定を積み重ねてゆくという，大変骨の折れる地味な仕事が要求される．それら実験データ単独では，直接他の実験と比較したり，予測したりすることは難しいが，それら多様な熱力学量を基本方程式（ギブスエネルギーやヘルムホルツエネルギー）として集約させることでそれが可能となる．その作業を熱力学アセスメント（熱力学モデルのパラメーターの最適化）と呼んでおり，そのためのモジュールを備えているソフトウェアとして，Thermo-Calc（Parrotモジュール．Demo versionはThermo-Calcの開発元から無償で配布されている），PANDAT（Pan-Optimizer），FactSage（Opti-Sage）があげられる（表1.1参照）．本章では，どのようなデータが熱力学評価に用いられ，熱力学アセスメントはどのようにして行われているかについて解説する．

4.1　実験データ

まず，熱力学アセスメントに用いられる実験データの種類とその測定法について述べる．実験データには，反応熱，潜熱，蒸気圧，活量，比熱，ケミカルポテンシャルといった熱的データ，せん断弾性率，体積弾性率，圧縮率，熱膨張率などの力学的データ，結晶構造，優先占有サイト，長範囲・短範囲規則度，空孔濃度などの物性データ，ミクロ組織，タイライン，変態点，不変反応

163

164 第4章 熱力学アセスメント

などの相平衡データ，その他には体積変化，電気抵抗，表面張力，粘性係数，表面・界面偏析係数，磁気モーメントなど，多くの種類がある．これらの中で主要なものは，熱的データ，相平衡データの2種類で，熱力学アセスメントを始めるにあたって，まずこれらの熱力学量が報告されていないか詳細に文献検索する，またはもし見つからなければ自分で必要なデータを測定することになる．もし実験が難しければ，次節で取り上げる第一原理計算によりいくつかの熱力学量が推定可能か検討する．また，実験データの少ない合金系であれば，間接的なデータとして引張・圧縮強度，硬さ，耐食性などのデータも参考になる．さらに3章で述べた溶解度積の関係式（3.3節参照）を用いれば，固溶体相と化合物相の組成がわかれば化合物相の生成ギブスエネルギーが類推できる．異なる合金系で，同じ結晶構造を持つ化合物のギブスエネルギーが与えられていれば，それを参考にすることもできるだろう．また，表面偏析濃度がわかれば，ある程度，原子間の相互作用を見積もることができる．例えば，触媒によく用いられているPt系の合金は表面分析が行われている例が多く，熱的データが少ない場合には有効である．

4.2　第一原理計算

　実験データがない，または実験が難しい合金系の熱力学アセスメントを行う場合や熱力学モデルにおける準安定なエンドメンバーの熱力学量が必要になる場合など，その推定に第一原理計算が広く用いられるようになってきた．多くの第一原理計算ソフトウェアが市販・公開されているが，その中でもVASPやWien2kといったパッケージが多く用いられている[1]．ここでは，第一原理計算の極く簡単な中身と得られる物性値や適用範囲について説明する．本書では量子力学，第一原理計算の詳細までは踏み込まないが，例えば文献[2-5]を参考にするといいだろう．ここで第一原理計算とは，定常状態のシュレーディンガー方程式（Schrödinger equation），式(4-1)を解くことである．

$$\widetilde{H}\psi = E\psi \tag{4-1}$$

ハミルトニアン $\widetilde{H}$（運動エネルギーとポテンシャルエネルギーの和）を与えて波動関数 ψ とエネルギー固有値 E を求めることに相当する．ここで，波

動関数の形は与えられていないため，ある関数形（基底関数と呼ぶ）を仮定して，仮定した関数の足し合わせにより実際の波動関数を近似する．ただし，どのような形状の関数でもいいというわけではなく，なるべく少ない数の足し合わせで表現できるように，実際には限られた関数形が用いられている（原子軌道関数，平面波などが多く用いられる）．ここで，ハミルトニアンには電子の運動エネルギー，原子核の運動エネルギー，電子-電子間クーロン相互作用，原子核-電子間クーロン相互作用，原子核-原子核間クーロン相互作用，相対論効果による運動エネルギー補正などの寄与が含まれている．ここで問題なのは電子-電子間の多体相互作用である．多電子系（N 電子系）においては，$3N$ 次元空間における電子の波動関数を求めなければならないが，ホーエンベルグとコーン[5]は，電子の電荷密度が空間座標の関数として正しく与えられれば，その汎関数（ある関数を変数とする関数．[計算組織学編] の付録 A1 も参照）として物質の基底状態のエネルギーが厳密に求められることを示した．これは密度汎関数法（DFT : Density Functional Theory）と呼ばれ，"多電子の多体問題"を"多くの一電子問題"に帰着させることができ，計算を行う上で，電子の数が増えても変数の数（各座標 x, y, z における電子密度のみ）は変わらないメリットがある．この場合の"多くの一電子系"のハミルトニアンは，

$$\tilde{H} = \tilde{T} + \tilde{V} \qquad (4\text{-}2)$$

ここで，$\tilde{T}$ は電子の運動エネルギー，$\tilde{V}$ は一電子ポテンシャルである（DFT では電子密度の汎関数になっている）．この中には，電子-電子の多体相互作用の寄与を表す交換相関ポテンシャルなどが含まれている．式(4-2)を用いて式(4-1)を解けばよいが，この $\tilde{V}$ をどのように与えるか，どのような基底関数を用いるかが重要であり，次に主要な手法を取り上げる．

　一電子ポテンシャルを求める方法としては，全電子法と擬ポテンシャル法がある．全電子法である APW 法（Augmented Plane Wave method，補強された平面波法）は，原子核のポテンシャルが深くなる原子核近傍の電子の波動関数を平面波で表すには多くの数が必要になることから，原子核から適当な MT 半径（マフィン-ティン半径，Muffin-Tin radius）を決め，原子核近傍では球面調和関数 + 動径波動関数を基底関数として用いる手法である．また，この

ときの原子核のポテンシャル形状は MT 内では球対称，その外では平坦と仮定する．これは MT ポテンシャルと呼ばれ，最密構造を持つ金属結晶ではよい近似になる．FLAPW 法（Full-potential Linearized APW）は，球対称近似（MT ポテンシャル）を使わずに，非球面的な効果を考慮したポテンシャル（フルポテンシャルと呼ぶ）を用いた手法である．それにより計算時間はかかるが，現在では最も精度の高い手法と考えられている．これらの全電子法では，系内の全ての電子について計算を行うため，原子番号が大きくなるに従って計算量が増加する．

これに対して擬ポテンシャル法は，内殻の計算は打ち切り，外殻電子だけ計算するというものである（一般に物質の化学的性質は外殻電子に由来するため）．すなわち，孤立した原子の内殻電子についてはあらかじめ全電子法を用いて第一原理計算をし，内殻電子と原子核によるポテンシャルを算出しておく．それにより急峻な原子核近傍のポテンシャルが浅くなることから，これをソフト化と呼んでいる．あとはそれを使って外殻電子の計算をすればよいので，計算速度が大きく向上する．なお，内殻部分の効果を全電子法で計算する際，ノルム（電荷密度）を保存する方法（一般的な擬ポテンシャル法）と，ノルムを保存の条件を外して，さらにソフト化させたウルトラソフト擬ポテンシャル法がある．

式(4-2)の $\tilde{V}$ に含まれる電子の交換相関ポテンシャルを与えるには，近似が必要となる．その一つは LDA（局所密度近似，Local Density Approximation）と呼ばれている．すなわち注目する一電子以外の他の電子は電子密度平均として与えて，交換相関ポテンシャルを空間の各点での局所電子密度で表す方法である．LDA では Fe の基底状態（0 K での最安定構造）を正しく与えないという問題点[6]が指摘されているが（d 電子の局在による），電子が局在化していない系（多くの金属系）では一般的によい全エネルギーを与える．電子が局在化している場合には，LDA はあまりよい近似にならないため，それを改善するために，LDA（平均化した電子密度のみ）に，空間の各点での電子密度勾配項を加えた GGA（一般化密度勾配近似，Generalized Gradient Approximation）が考案されている．格子定数は，GGA では実験データよりも若干大きく，LDA では若干小さく見積もられる傾向がある[6]．また，ランタノ

4.2 第一原理計算

イド系や遷移金属酸化物系など電子が局在している場合には，LDAに電子間のクーロン相互作用補正（ハバードのUと呼ぶ）を加えるLDA+Uが提案されている．

現在では，これら第一原理計算によって，格子定数，全エネルギー，生成エンタルピー，状態密度，体積弾性率，表面エネルギーなど種々の物理量を求めることができ，CALPHAD法では，これらの第一原理計算から得られた値（$P=0\,\mathrm{Pa}, T=0\,\mathrm{K}$における測定値であるともいえる）を実験データと併せて熱力学アセスメントに用いている．

実際の生成エンタルピーの計算例として，Cr-Re二元系のσ相の結果を図4.1に示す[7]．図2.12に示したように，σ相のワイコフポジションは五種類あり，それに基づいて五副格子に分けると二元系では32種類（2^5）のエンドメンバー（2章参照）が必要になるが，σ相が安定に現れる組成域は狭いため実験データだけではこれら全ての値を得ることができない．それらを予測するために第一原理計算は大変有効な手法である．本節で取り上げた近年の状態図計算における第一原理計算手法の援用については参考文献[8,9]が参考になる．

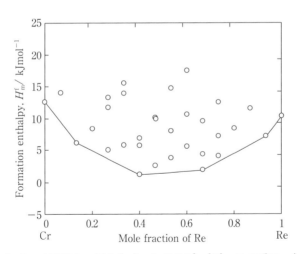

図4.1 Cr-Re二元系のσ相の生成エンタルピー[7]．この系でσ相が安定相として表れるのは0.6付近であるが，σ相のギブスエネルギーを与えるには，ここにプロットしたように32のエンドメンバーの生成エネルギーが必要になる．

4.3 熱力学アセスメントの手続き

4.3.1 必要なファイル

Thermo-Calc または PANDAT で熱力学アセスメントを始めるにためには，ポップファイル（ファイルの拡張子が POP なのでそう呼んでいる）とセットアップファイルの二つが必要となる．セットアップファイルには相の定義や最適化するパラメーター群を記述し，ポップファイルには，実験データを記述する．ここで大切な点は，ケアレスミスに気を付けることである．パラメーターの欠落やコマンドのスペルミスのチェックはもちろん，実験値に対しては，何モルが基準であるか．また，標準状態はどの構造が選ばれているかなど，基本的な事項についてチェックが必要である．

4.3.2 ポップファイル

ポップファイルは実験データを記述するファイルである．ポップファイルの作成において重要なのは，単に得られた実験データを全て羅列してゆくのではなく，それらを十分に吟味することである．各実験データがどの程度信頼できるのか，実験誤差や実験条件，不純物の影響などをチェックしなければならない（特に同じ物性値に対して，複数の異なった実験データが報告されている場合には慎重に検討しなければならない）．

多くの場合，各相のギブスエネルギーを十分な精度で決めるための実験データは不十分である．また，実験が比較的簡単な条件域や興味深い特性が現れる条件に実験データが集中しているなど，実験データは多いが偏っている場合も多い．このような場合には，まず，それらのデータの中から最も信頼できる実験データを選択することが重要である．データの点数が多いとパラメーター最適化計算の時間がかかる上に，データ点数が特定の条件に偏っていると，パラメーターの最適化において，その点のデータに重みを付けていることに相当してしまう．特に，熱力学アセスメントの初期段階では，実験値と計算値の差が大きく，エラーが頻出し，計算の収束に時間がかかることがある．したがって，アセスメントの第一段階では，信頼できるデータを見極めて，できるだけ必要十分でコンパクトなポップファイルを作ることが重要である．これをクリ

4.3 熱力学アセスメントの手続き　　169

ティカルセット（Critical set，厳選されたデータによるポップファイル）と呼ぶ.

　いくつかの論文では，直接測定された熱力学量ではなく，別の状態変数に変換されている場合もあり，この場合には変換後の加工された値ではなく，実測された熱力学量を使った方がよい.　また，合金組成であればそれが公称組成なのか，化学分析で得られたものか，必要な元素の分析が全て行われているかなどがチェックポイントである.　公称組成の場合には，実際に目的の合金組成が得られていない可能性も考慮すべきである.　実験値には必ず誤差が含まれているが，論文によっては誤差が明示されていないこともある.　一般にエラーバーを付けて解析されている実験データの信頼性は高いことが多い.

　また，相平衡や熱力学量の実測値だけではなく，試料を準備する段階の情報が役に立つこともある.　例えば，As-cast でどのような非平衡組織（凝固時の不変反応の類推）になっているのか，何度まで加熱して融解（液相単相域の類推）しているのかなどのデータも実験データの少ない合金系の熱力学解析を行うときには参考になるだろう.　包晶反応で凝固した場合には，図 3.5 に示した特徴的な有芯組織が現れるため，As-cast 組織から高温での反応を類推できる.　また，××のデータを測定したという積極的なデータと合わせて，そこには○○が見られなかった，または△△の条件では実験がうまくいかなかったなどのネガティブなデータも有効に活用することができる.　熱力学アセスメントの重要な点の一つは，このように，相互に矛盾している実験データやエラーバーの異なる実験データを十分吟味して選択された，最も確からしい実験データの組みからなる信頼性の高いクリティカルセットをいかに作るかである.　アセスメントの最終段階では，クリティカルセットを作るときに除外したデータを含め，それら全てのデータを説明できる必要がある.

　クリティカルセットの作成に関して強調しておきたいのは，文献検索の重要性である.　近年では多くの検索エンジンを利用できるようになり，直接的な実験データがなくても，熱力学アセスメントの参考となる間接的なデータが得られることがある.　有効なデータを集めるためには，一つだけではなく複数の検索エンジンを用いるのが有効だろう.　文献検索においては，特にキーワードの選び方が重要である.　ここではポップファイルの具体的な記述例には踏み込ま

ないが，ポップファイルの参考例はウェブサイト[10]からダウンロードできる.

Pan-Optimizer*，Parrot*共にこのポップファイルを用いるが，使用できるコマンドなどに若干の違いがある（Parrotに比べて，Pan-Optimizerではポップファイルで用いることができるコマンドが限られている）．例えば，LABELコマンド（実験データのグループ化）とGRAPHICSコマンド（プロット用の実験データファイル生成）は，PANDATではエラーにはならないが無視される．Thermo-CalcではGRAPHICSコマンドによりポップファイルをコンパイルすると同時にプロット用の実験データファイルが作成されるが，PANDATの場合には，別途テキストファイル（データはタブ区切り）を作成しなければならない．これらファイル中のコマンドの詳細については，各ソフトウェアのユーザーズマニュアル[11, 12]を参照してほしい.

4.3.3 セットアップファイル

各元素のラティススタビリティ（2.6節参照）は，特別な目的がない限り，既報の熱力学アセスメント結果との整合性の観点から，SGTE Pure データベース（SGTE：Scientific Group Thermodata Europe）を使うことになる．SGTE Pure データベースは無償で配布されており，現在は Ver. 5.0 が利用できる．合金系に合わせて，データベースから純物質のパラメーターをセットアップファイルにコピーするのがセットアップファイル作成の第一歩である．次に熱力学モデルの選択であるが，多くの場合，正則溶体モデルと副格子モデルになるだろう．また，既存の熱力学アセスメント結果を用いて多元化する場合には，既存の合金系で用いられている熱力学モデルと同じモデルを選択することになる．熱力学モデルを選択したら，次はパラメーターの定義と最適化の対象となる変数の定義をする．Pan-Optimizer 用，Parrot 用のセットアップファイル例はウェブサイト[10]からダウンロードできる．Pan-Optimizer にはデータベースファイル形式（拡張子 TDB），Parrot モジュールを用いる場合にはマクロファイル形式（拡張子 TCM）を用いる.

---

* パラメーターを最適化するためのソフトウェア．1.1 節参照.

4.3.4 パラメーターの最適化

ポップファイルとセットアップファイルが準備できたら，次はパラメーターの最適化作業となる．

最適化は**図 4.2** のフローチャートに従って行う．ここで最適化するパラメーターとは，例えば，R-K 級数の各係数（$L_{i,j}^{(n)}=a+bT\cdots$）である．一般には終了判断までには後述の 4）～ 8）を何度も繰り返すことになる．特に，Parrot モジュールによる最適化の場合には，パラメーターの初期値をうまく与えることが必須である．通常，アセスメントの初期段階では，うまくパラメーターが与えられずに無数のエラーが返ってくることがある．その場合には，どうしてもエラーが出続ける実験データは除外して再度計算をしたり，よりデータ数を減らして，主要な実験データ（液相や不変反応だけを用いるなど）のみを用いて最適化するなど工夫が必要である．

一方，Pan-Optimizer の長所は，Parrot モジュールとは異なり，パラメーターの初期値を与えなくても最適化が進む点である．例えば，パラメーターの初期値を全て 0 としても最適化は実行される（Parrot モジュールを用いている場合にはエラーが無数に出力され，最適化できない）．しかし，Parrot と比

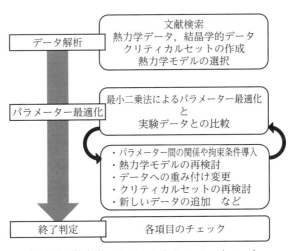

図 4.2 熱力学アセスメントのフローチャート．

172　　　　　　　　　　第4章　熱力学アセスメント

べて Pan-Optimizer は使えるコマンドが少ないため，現在のところ詳細なアセスメントには適していない．したがって，アセスメントの初期に Pan-Optimizer を用いることで初期値探索を行い，その初期値を用いて Parrot モジュールでより詳細なアセスメントを行うことによって効率的にパラメーターの最適化を行うことができる．

熱力学アセスメントの全体の流れは次のようになる．

1）文献検索，実験データの精査

2）熱力学モデルの選択

3）クリティカルセットの作成

4）セットアップファイルの作成

5）パラメーターの初期値の推定

6）実験データの重みづけ

7）最適化する変数の選択

8）最適化

9）状態図，熱力学量の描画，実験データの比較

10）最適化完了の判断

計算値の実験値に対する誤差の二乗和が十分に小さくなり，パラメーターの最適化が十分に行われたら，最適化完了の判断として以下の項目のチェックを行う．

A）　パラメーターの値　R-K 級数（$L_{i,j}^{(n)}=a+bT$）の非温度依存性項 a は $\pm 10^7$ J mol^{-1} 以内，温度依存性項 b は $\pm 10^3$ J mol^{-1} 以内であること．各パラメーターの RSD（Relative Standard Deviation，パラメーターの相対標準偏差）が 0.5 以下．パラメーターの数が多すぎる場合やデータの重みづけが適切でないと RSD が大きくなる．

B）　結果の解析　クリティカルセットの実験値が再現できているか，必ずグラフ化して比較すること．RSD やパラメーター値だけを見ていると，最適化が誤った方向に向かっていても問題に気がつかないことがある．

C）　パラメーターの丸め　最も単純な丸め方は，温度依存項も非温度依存項もその丸めによる変化が 1 J mol^{-1}（1000 K において）以下を四捨五入することである．すなわち，$+123.45+1.2345T$ と得られているのであれば，$+123$

4.4 熱力学アセスメント例（Ir-Pt 二元系状態図） 173

+1.235T とする．また，より統計的な手続きとしては，最も大きな RSD（0.1
以上）のパラメーターを丸め，固定する．そのまま他のパラメーターの最適化
を行い，次に大きい RSD を持つパラメーターを丸める．この繰り返しで，全
てのパラメーターを丸める．この時に誤差の二乗和が大きく変わらないように
すること，最初の誤差と大きな差がないことを確認することが必要である．

D）　安定相のチェック　広い温度範囲の計算（例えば 0～6000 K）までの
計算を行って，求めていない相境界が現れるかどうか．また，準安定相境界を
計算してしまっていないか．いくつかの点で平衡計算を行って確認すること．
また，いくつかの相を除外して，準安定状態図を計算してみるのも有効であ
る．

E）　文献検索　熱力学アセスメント開始からかなり時間が経過してしまっ
たら，もう一度最新の文献が発表されていないかチェックするといいだろう．

4.4　熱力学アセスメント例（Ir-Pt 二元系状態図）

　ここでは Ir-Pt 二元系状態図を例に，熱力学アセスメントについて簡単に解
説をする（必要なファイルはウェブサイト[10]からダウンロードしていただき
たい）．Ir-Pt 状態図は fcc 固溶体と液相からなっており，ここではこれらの相
のギブスエネルギーを正則溶体モデルにより記述する．セットアップファイル
は，若干煩雑に見えるかもしれないが，それは，短範囲規則度の効果を取り入
れるため，4 副格子モデルにより得られた関係式から fcc 固溶体の R-K 級数を
与えているからである．

　この系の実験データとしては，組織観察と X 線回折などにより低温域で fcc
相に溶解度ギャップがあるという報告がいくつかなされている．また，固相中
の活量，液相線温度の測定が行われている．表面偏析の測定，短範囲規則度の
測定データも報告されている．また，いくつかの fcc 基の化合物相の生成エネ
ルギーも第一原理計算により推定がされている．本来は，これらデータを吟味
するところから始まるのだが，ここでは，いくつかの溶解度ギャップのデー
タ，液相線データ，第一原理計算による生成エネルギーを採用してクリティカ
ルセットとしている[13,14]．

第4章　熱力学アセスメント

ここで用いるギブスエネルギー式は，次の二つであり，それぞれ液相と fcc 固溶体相のギブスエネルギーを表す．そして，最適化するパラメーターは，右辺第 4 項の R-K パラメーターである．

$$G_\mathrm{m}^\mathrm{liq} = x_\mathrm{Ir}\,{}^0G_\mathrm{m}^\mathrm{liq\text{-}Ir} + x_\mathrm{Pt}\,{}^0G_\mathrm{m}^\mathrm{liq\text{-}Pt} + RT\sum_{i=\mathrm{Ir}}^\mathrm{Pt} x_i \ln(x_i)$$

$$+ x_\mathrm{Ir}x_\mathrm{Pt}[{}^\mathrm{liq}L_\mathrm{Ir,Pt}^{(0)} + {}^\mathrm{liq}L_\mathrm{Ir,Pt}^{(1)}(x_\mathrm{Ir}-x_\mathrm{Pt}) + {}^\mathrm{liq}L_\mathrm{Ir,Pt}^{(2)}(x_\mathrm{Ir}-x_\mathrm{Pt})^2]$$

$$G_\mathrm{m}^\mathrm{fcc\text{-}Al} = x_\mathrm{Ir}\,{}^0G_\mathrm{m}^\mathrm{Al\text{-}Ir} + x_\mathrm{Pt}\,{}^0G_\mathrm{m}^\mathrm{Al\text{-}Pt} + RT\sum_{i=\mathrm{Ir}}^\mathrm{Pt} x_i \ln(x_i)$$

$$+ x_\mathrm{Ir}x_\mathrm{Pt}[{}^\mathrm{Al}L_\mathrm{Ir,Pt}^{(0)} + {}^\mathrm{Al}L_\mathrm{Ir,Pt}^{(1)}(x_\mathrm{Ir}-x_\mathrm{Pt}) + {}^\mathrm{Al}L_\mathrm{Ir,Pt}^{(2)}(x_\mathrm{Ir}-x_\mathrm{Pt})^2] \qquad (4\text{-}3)$$

液相の R-K パラメーターは式 (4-4) で与える．ここで，$L0, L0T, L1, L1T, L2, L2T$ はファイル中で用いる変数名である．

$$\begin{aligned}
{}^\mathrm{liq}L_\mathrm{Ir,Pt}^{(0)} &= L0 + L0T \times T \\
{}^\mathrm{liq}L_\mathrm{Ir,Pt}^{(1)} &= L1 + L1T \times T \\
{}^\mathrm{liq}L_\mathrm{Ir,Pt}^{(2)} &= L2 + L2T \times T
\end{aligned} \qquad (4\text{-}4)$$

また，fcc 相の R-K 級数項には式 (2-109) を用いる．

$$\begin{aligned}
{}^\mathrm{Al}L_\mathrm{Ir,Pt}^{(0)} &= 13.5\,w_\mathrm{Ir:Pt} \\
{}^\mathrm{Al}L_\mathrm{Ir,Pt}^{(1)} &= 0 \\
{}^\mathrm{Al}L_\mathrm{Ir,Pt}^{(2)} &= -1.5\,w_\mathrm{Ir:Pt} \\
w_\mathrm{Ir:Pt} &= F22 + F22T \times T
\end{aligned} \qquad (4\text{-}5)$$

ここで第一原理計算より推定した $L1_2, L1_0$ 化合物（図 2.18 参照）の生成エネルギーが再現できるように，対相互作用 $w_\mathrm{Ir:Pt}$ の非温度依存項（$F22$）を与え，温度依存項（$F22T$）のみを最適化の対象とする．したがってここで最適化の対象とするのは，$L0, L0T, L1, L1T, L2, L2T, L22T$ の七つのパラメーターである．

ここでは，PANDAT Ver. 7 の Pan-Optimizer を用いてアセスメントを行った．PANDAT で最適化を始めるには，まず PANDAT を立ち上げ，データベースファイルとしてセットアップファイルを読み込み，Load/compile experimental file ボタンをクリックし，ポップファイルを読み込む．次に Optimization control panel を開き RUN ボタンをクリックすればよい．そして，収束したところでプログラムは自動的に停止する（または設定した繰り返し計算

4.4 熱力学アセスメント例（Ir-Pt 二元系状態図） 175

回数の上限値で停止する）．これを繰り返すことで，最適化されたパラメーターセットを得ることができる．PANDAT の利点としては，fcc 相の溶解度ギャップを全く意識することなく最適化を進めることができる点があげられる（PANDAT が取り入れている大域極小化機能のためである）．また，PANDAT ではパラメーターの初期値を全て 0 から始められるという大きな利点があるが，より詳細なアセスメントのためには，平衡計算に用いることができるコマンドの種類が多い Parrot モジュール（Thermo-Calc）が有効である．しかし Parrot モジュールでは Pan-Optimizer と同じように 0 から最適化を始めると，収束するはずの値との差が大きいためにエラーが頻出する．そのため試行錯誤によりある程度実験データを再現できるようなパラメーターの初期値を捜す必要があり，これが Parrot モジュールを用いた最適化の難しさになっている．したがって，初期値探索には Pan-Optimizer，詳細な熱力学アセスメントには Parrot モジュールを用い，可能であれば両者を併用することで有効な熱力学アセスメントを行うことができるだろう．

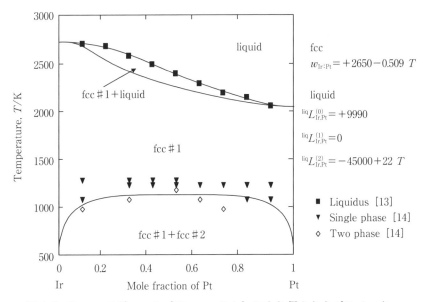

図 4.3 Parrot モジュール（Thermo-Calc）により得られたパラメーターセットで計算した Ir-Pt 二元系状態図（実線）と実験値[13, 14]の比較．

176 第4章 熱力学アセスメント

このようにして最適化して得られた Ir-Pt 二元系状態図とパラメーターセットを**図4.3** に示す．図の右上に示したように，fcc 相は相互作用パラメーター $w_{\mathrm{Ir:Pt}}$ のみ，液相は R-K 級数を第三項（$n=2$）まで取っている．

4.5 熱力学アセスメントのキーポイント

最後に熱力学アセスメントがうまくいかないときに，チェックすべき点をまとめておく．

・なるべく少ない数の，重要性の高い実験点を用いてクリティカルセットを作成すること．それを基に，パラメーターの初期値を概算する．

・極端にデータ点の数が偏っている場合には，データの重みを変える．例えば活量データが100点，相境界データが10点ある場合には，いくつかの活量データのみを用いるか，それらの重みを軽くする．

・最初は，液相などのパラメーターのみを対象とし，中間相を省いて最適化する．特に融点の高い化合物相の低温域での相境界データは，平衡に達していない可能性が高い．

・溶解度ギャップ，準安定相の安定性，規則相の不規則化などは問題となる場合が多い．パラメーターの最適化中に規則相が不規則化したり，溶解度ギャップが消滅してしまうことがある．それらに気がつかないままパラメーターの最適化をすると，異なった状態図が得られることになる．最適化時にパラメーター値の変化だけを見ているのではなく，途中でグラフ化して確認するとよい．

・パラメーターが妥当な範囲に入っているかを常にチェックする．最適化の段階ごとに，大きく変化するようであれば，実験点やパラメーターの選び方を変えるとよい場合がある．

・誤差の自乗和をチェックするだけではなく，最適化の途中で計算状態図を求め実験値と比較することで，最適化をスムーズに進められるだろう．

・Parrot モジュールでは繰り返し計算回数を0として，まず最適化計算を行い，与えられた初期値における各データ点のフィットの程度を確認する．大きく異なっている場合には，初期値の再考，またはデータの除外などが必要で

ある.

　・評価が終了した時点で，全ての評価手順をファイルとして残しておくこと．どのようにして実験データに重みを付けたのかなど．

　・PANDAT では，パラメーターが変化する範囲を決めることができるが，その制約による影響を考慮すること．ある程度パラメーターが収束してきたら，制限を外すなど，得られたパラメーターセットが最適であるか検討が必要である．

4.6　ま と め

　ここでは熱力学アセスメントについてその概略を説明した．実際のアセスメントでは合金系によってどのような実験データが得られているか，その合金系がどのような特徴を持っているのかなど，個々に全て異なっている．対象としている合金系の特徴をつかみ必要なモデルを選び，実験データを解析して適切なパラメーターセットを得るのは，実際にはかなりの労力を要求される．例えば，二つの大きく異なる実験データがある場合，それを同じ重み付けをしてパラメーターの最適化を行えば，その結果として得られる値はその中間になるだろう．一見もっともらしいが，これは最悪の選択であるといわれている．すなわち，二つの異なる研究グループの実験結果に何らかのエラーがあり，実際とは大きく違う値をそれぞれ論文で報告する確率は低いと考えられるからである．もちろん，実験が難しい系や，まだ明らかになっていない現象がそこにはあるかもしれないが，どちらかの論文において測定値に影響してしまうような何かが潜んでいる可能性の方が高い．こういった場合には，既知の種々のデータを最大限に活用して，それらを一つ一つ理解し判断することが重要である．最後に，「熱力学アセスメントとは単に文献検索をしてデータを集め全て POP ファイルに詰め込んで，できるだけ多くの級数項を用いて最小自乗フィッティングで合わせ込んでいるのではない」という点を強調しておきたい．熱力学アセスメントの詳細に関しては参考文献[15]が参考になる．

参 考 文 献

[1] 和光システム研究所：固体の中の電子-バンド計算の基礎と応用-，和光システム研究所.

[2] W. グライナー 著，伊藤伸泰，早野龍五 監訳：量子力学概論，シュプリンガー（2000）.

[3] 朝永振一郎：量子力学，みすず書房.

[4] 小口多美夫：バンド理論-物質化学の基礎として-，内田老鶴圃（1999）.

[5] R. G. パール，W. ヤング 著，狩野 覚，関 元，吉田元二 監訳：原子・分子の密度汎関数法，シュプリンガー（1996）.

[6] 特集「電子状態の第一原理計算の現状と課題」，日本物理学会誌，**64**（2009）.

[7] M. Palumbo, T. Abe, H. Onodera and H. Murakami : CALPHAD, **34**（2010）, 495-503.

[8] 特集「状態図の第一原理熱力学計算」，金属，**80**（2010）.

[9] 小林一昭：徹底解剖第一原理計算，金属，**79**（2009），931-934.

[10] NIMS Thermodynamic Database, http://www.nims.go.jp/cmsc/pst/database/

[11] Thermo-Calc users guide, http://www.thermocalc.com/

[12] PANDAT users guide, http://www.computherm.com/downloads.html

[13] L. Muller : Ann. Phys., **7**（1930），9-47.

[14] E. Raub and W. Plate : Z. Metallk., **47**（1956），688-693.

[15] H. L. Lukas, S. G. Fries and B. Sundman : Computational Thermodynamics, Cambridge（2007）.

付録 A1

レシプロカルパラメーターの R-K 級数形

式 (2-66) で示したレシプロカルパラメーターの級数は PANDAT で用いられている形式である。Thermo-Calc ではこれとは異なり、次式が用いられている。

$${}^{\mathrm{ex}}G_{\mathrm{m}}^{\mathrm{B2\text{-}reciprocal(Thermo\text{-}Calc)}} =$$

$$y_{\mathrm{A}}^{(1)} y_{\mathrm{B}}^{(1)} y_{\mathrm{A}}^{(2)} y_{\mathrm{B}}^{(2)} \left\{ L_{\mathrm{A,B:A,B}}^{(0)\,\mathrm{TC}} + \sum_{n=1}^{v} \left[L_{\mathrm{A,B:A,B}}^{(2n-1)\,\mathrm{TC}} (y_{\mathrm{A}}^{(2)} - y_{\mathrm{B}}^{(2)})^{2n-1} + L_{\mathrm{A,B:A,B}}^{(2n)\,\mathrm{TC}} (y_{\mathrm{A}}^{(1)} - y_{\mathrm{B}}^{(1)})^{2n} \right] \right\}$$

$$(\mathrm{A1\text{-}1})$$

ここで、n は正整数のみである。比較のため式 (2-66) のレシプロカルパラメーターに関する項 ${}^{\mathrm{ex}}G_{\mathrm{m}}^{\mathrm{B2\text{-}reciprocal(Pandat)}}$ のみを取り出して変形すると、

$${}^{\mathrm{ex}}G_{\mathrm{m}}^{\mathrm{B2\text{-}reciprocal(Pandat)}} =$$

$$y_{\mathrm{A}}^{(1)} y_{\mathrm{B}}^{(1)} y_{\mathrm{A}}^{(2)} y_{\mathrm{B}}^{(2)} \left\{ L_{\mathrm{A,B:A,B}}^{(0)\,\mathrm{Pan}} + \frac{1}{2} \sum_{n=1}^{v} L_{\mathrm{A,B:A,B}}^{(n)\,\mathrm{Pan}} \left[(y_{\mathrm{A}}^{(1)} - y_{\mathrm{B}}^{(1)})^{n} + (y_{\mathrm{A}}^{(2)} - y_{\mathrm{B}}^{(2)})^{n} \right] \right\}$$

$$(\mathrm{A1\text{-}2})$$

第一項 ($n=0$) のみであれば、両者は等しくなるが、第二項以降 ($n>0$) を用いる場合には、両式の差を考慮する必要がある。すなわち、同じ熱力学データベース (TDB ファイル) を用いても、ソフトウェアによって対応するパラメーターが異なるため、計算結果が変わってしまう。同じ計算結果を得るためには、次式の関係を用いる。例えば、$n=1$ 項は PANDAT では Thermo-Calc の二項分 ($n=1,2$) の入力に相当する。

$$L_{\mathrm{A,B:A,B}}^{(0)\,\mathrm{Pan}} = L_{\mathrm{A,B:A,B}}^{(0)\,\mathrm{TC}}$$
$$L_{\mathrm{A,B:A,B}}^{(1)\,\mathrm{Pan}} = 2 L_{\mathrm{A,B:A,B}}^{(1)\,\mathrm{TC}},\ 2 L_{\mathrm{A,B:A,B}}^{(2)\,\mathrm{TC}}$$
$$L_{\mathrm{A,B:A,B}}^{(2)\,\mathrm{Pan}} = 2 L_{\mathrm{A,B:A,B}}^{(3)\,\mathrm{TC}},\ 2 L_{\mathrm{A,B:A,B}}^{(4)\,\mathrm{TC}}$$
$$L_{\mathrm{A,B:A,B}}^{(3)\,\mathrm{Pan}} = 2 L_{\mathrm{A,B:A,B}}^{(5)\,\mathrm{TC}},\ 2 L_{\mathrm{A,B:A,B}}^{(6)\,\mathrm{TC}} \qquad (\mathrm{A1\text{-}3})$$

この点は、これからのソフトウェアの改良に伴って修正される可能性もあるので、各ソフトウェアの各バージョンのユーザーズガイドを参照すること。

付録 A2

溶体相のギブスエネルギーと対結合エネルギー

2副格子モデルによる規則相（B2）のギブスエネルギー式から不規則相（A2）のギブスエネルギーを求める．B2 のギブスエネルギーは式(2-65)より，

$$G_{\mathrm{m}}^{\mathrm{B2}} = \sum_{i=\mathrm{A}}^{\mathrm{B}} \sum_{j=\mathrm{A}}^{\mathrm{B}} y_i^{(1)} y_j^{(2)}\, {}^0G_{i:j}^{\mathrm{B2}} + \frac{1}{2}RT \sum_{k=1}^{2} \sum_{i=\mathrm{A}}^{\mathrm{B}} y_i^{(k)} \ln y_i^{(k)} \tag{A2-1}$$

対結合エネルギー $u_{i:j}$ で書き直すと，

$$G_{\mathrm{m}}^{\mathrm{B2}} = \sum_{m=1}^{2} \sum_{n>1}^{2} \sum_{i=\mathrm{A}}^{\mathrm{B}} \sum_{j=\mathrm{A}}^{\mathrm{B}} z \frac{N^{(m)}}{N} y_i^{(m)} y_j^{(n)} u_{i:j} + RT \sum_{m=1}^{2} \sum_{i=\mathrm{A}}^{\mathrm{B}} \left[\frac{N^{(m)}}{N} y_i^{(m)} \ln(y_i^{(m)}) \right] \tag{A2-2}$$

ここで，不規則相（$y_{\mathrm{A}}^{(1)} = y_{\mathrm{A}}^{(2)} = x_{\mathrm{A}}, y_{\mathrm{B}}^{(1)} = y_{\mathrm{B}}^{(2)} = x_{\mathrm{B}}$）の条件と $N^{(1)} = N^{(2)} = 0.5$ を代入して整理すると，

$$G_{\mathrm{m}}^{\mathrm{B2}} = \frac{1}{2}z(x_{\mathrm{A}}^2 u_{\mathrm{A,A}} + x_{\mathrm{B}}^2 u_{\mathrm{B,B}} + 2x_{\mathrm{A}} x_{\mathrm{B}} u_{\mathrm{A,B}}) + RT \sum_{i=\mathrm{A}}^{\mathrm{B}} x_i \ln(x_i) \tag{A2-3}$$

ここで，副格子の区別はないので，副格子の別を表すコロン区切りをカンマ（同副格子を表す）に置き換えている．また $u_{\mathrm{A:B}} = u_{\mathrm{B:A}}$ であるので $u_{\mathrm{A,B}}$ としている．対相互作用パラメーター $w_{\mathrm{A,B}} = u_{\mathrm{A,B}} - \dfrac{u_{\mathrm{A,A}} + u_{\mathrm{B,B}}}{2}$ を用いて整理すると，

$$\begin{aligned}
G_{\mathrm{m}}^{\mathrm{B2}} &= \frac{1}{2}z \left[x_{\mathrm{A}}^2 u_{\mathrm{A,A}} + x_{\mathrm{B}}^2 u_{\mathrm{B,B}} + 2x_{\mathrm{A}} x_{\mathrm{B}} \left(w_{\mathrm{A,B}} + \frac{u_{\mathrm{A,A}} + u_{\mathrm{B,B}}}{2} \right) \right] + RT \sum_{i=\mathrm{A}}^{\mathrm{B}} x_i \ln(x_i) \\
&= \frac{1}{2}z u_{\mathrm{A,A}} x_{\mathrm{A}} + \frac{1}{2}z u_{\mathrm{B,B}} x_{\mathrm{B}} + x_{\mathrm{A}} x_{\mathrm{B}} z w_{\mathrm{A,B}} + RT \sum_{i=\mathrm{A}}^{\mathrm{B}} x_i \ln(x_i)
\end{aligned} \tag{A2-4}$$

ここで，$x_{\mathrm{A}} + x_{\mathrm{B}} = 1$ を用いている．一方，A-B 二元系の正則溶体のギブスエネルギー（式(2-44)）は，

$$G_{\mathrm{m}}^{\alpha} = x_{\mathrm{A}}\, {}^0G_{\mathrm{m}}^{\alpha \cdot \mathrm{A}} + x_{\mathrm{B}}\, {}^0G_{\mathrm{m}}^{\alpha \cdot \mathrm{B}} + x_{\mathrm{A}} x_{\mathrm{B}} \Omega_{\mathrm{A,B}} + RT \sum_{i=\mathrm{A}}^{\mathrm{B}} x_i \ln(x_i) \tag{A2-5}$$

式(A2-2)と式(A2-3)の係数を比較すると，

$${}^0G_{\mathrm{m}}^{\alpha \cdot \mathrm{A}} = \frac{1}{2}z u_{\mathrm{A,A}}$$

$${}^0G_{\mathrm{m}}^{\alpha \cdot \mathrm{B}} = \frac{1}{2}z u_{\mathrm{B,B}}$$

$$\Omega_{\mathrm{A,B}} = z w_{\mathrm{A,B}} \tag{A2-6}$$

付録 A3

規則相(B2)と不規則相(A2)間のパラメーター関係式

規則相に不規則相の条件を代入し，ギブスエネルギー式(2-44)，(2-45)のR-K級数で組成の4乗項が現れる$n=2$まで考えれば，

$$G_m^{order}(\{y_i^{(k)}=x_i\})=G_m^{disorder}$$
$$=x_A^2\,{}^0G_{A:A}^{B2}+x_B^2\,{}^0G_{B:B}^{B2}+2x_Ax_B\,{}^0G_{A:B}^{B2}+RT(x_A\ln x_A+x_B\ln x_B)$$
$$+2x_Ax_BL_{A,B:*}^{(0)}+x_A^2x_B^2L_{A,B:A,B}^{(0)}$$
$$=x_A\,{}^0G_m^{B2\text{-}A}+x_B\,{}^0G_m^{B2\text{-}B}+RT(x_A\ln x_A+x_B\ln x_B)$$
$$+x_Ax_B[L_{A,B}^{(0)}+L_{A,B}^{(1)}(x_A-x_B)+L_{A,B}^{(2)}(x_A-x_B)^2] \tag{A3-1}$$

ここで$L_{A,B:*}^{(0)}=L_{*:A,B}^{(0)}$としている．式(2-67)を代入し整理すると，純物質のギブスエネルギーが消去され次式を得る（これは純物質の対結合エネルギーを基準とした対相互作用パラメーター（式(2-68)）で書き換えることに相当する${}^0G_{A:B}^{B2}\Rightarrow{}^0G_m^{A_{0.5}B_{0.5}}$）．

$$2x_Ax_B\,{}^0G_m^{A_{0.5}B_{0.5}}+2x_Ax_BL_{A,B:*}^{(0)}+x_A^2x_B^2L_{A,B:A,B}^{(0)}$$
$$=+x_Ax_B[L_{A,B}^{(0)}+L_{A,B}^{(1)}(x_A-x_B)+L_{A,B}^{(2)}(x_A-x_B)^2] \tag{A3-2}$$

両辺をx_Ax_Bで割り，$x_A=1-x_B$で置き換えると，

$$2\,{}^0G_m^{A_{0.5}B_{0.5}}+2L_{A,B:*}^{(0)}+(x_B-x_B^2)L_{A,B:A,B}^{(0)}=L_{A,B}^{(0)}+L_{A,B}^{(1)}(1-2x_B)+L_{A,B}^{(2)}(1-2x_B)^2 \tag{A3-3}$$

両辺を整理して係数を比較すれば，次のパラメーター間の関係式を得ることができる．

$$\begin{pmatrix}L_{A,B}^{(0)}\\L_{A,B}^{(1)}\\L_{A,B}^{(2)}\end{pmatrix}=\begin{pmatrix}2&2&\dfrac{1}{4}\\0&0&0\\0&0&-\dfrac{1}{4}\end{pmatrix}\begin{pmatrix}{}^0G_m^{A_{0.5}B_{0.5}}\\L_{A,B:*}^{(0)}\\L_{A,B:A,B}^{(0)}\end{pmatrix}=\begin{pmatrix}2&2&\dfrac{1}{4}\\0&0&0\\0&0&-\dfrac{1}{4}\end{pmatrix}\begin{pmatrix}4w_{A,B}\\3w_{A,B}^{(2)}\\2w_{A,B}\end{pmatrix} \tag{A3-4}$$

ここで，$w_{A,B}^{(2)}$第二近接対の対相互作用パラメーターである．現在は，Mathmaticaや Mapleなどのソフトウェアを用いることで，式の展開や係数の比較が容易に行うことができる．計算中のケアレスミスなどを避けるためにもそれらソフトウェアを使うといいだろう．

181

付録 A4

スプリットコンパウンドエナジーモデルにおける 純物質項($^0G_{\text{A:A}}^{\text{B2}}$, $^0G_{\text{B:B}}^{\text{B2}}$)の与え方

規則化によるギブスエネルギー項のみを考える.

$$\Delta G_{\text{m}}^{\text{order}} = G_{\text{m}}^{\text{order}}(\{y_i^{(k)}\}) - G_{\text{m}}^{\text{order}}(\{y_i^{(k)} = x_i\}) \tag{A4-1}$$

$G_{\text{m}}^{\text{order}}$ には,次式(式(2-65))を用いる.

$$G_{\text{m}}^{\text{order}} = \sum_{i=\text{A}}^{\text{B}} \sum_{j=\text{A}}^{\text{B}} y_i^{(1)} y_j^{(2)} \,^0G_{i:j}^{\text{B2}} + \frac{1}{2} RT \sum_{k=1}^{2} \sum_{i=\text{A}}^{\text{B}} y_i^{(k)} \ln y_i^{(k)} \tag{A4-2}$$

式(A4-2)を用いて式(A4-1)を求めると,

$$\begin{aligned}
\Delta G_{\text{m}}^{\text{order}} &= y_{\text{A}}^{(1)} y_{\text{A}}^{(2)} \,^0G_{\text{A:A}}^{\text{B2}} + y_{\text{B}}^{(1)} y_{\text{B}}^{(2)} \,^0G_{\text{B:B}}^{\text{B2}} + (y_{\text{A}}^{(1)} y_{\text{B}}^{(2)} + y_{\text{B}}^{(1)} y_{\text{A}}^{(2)})^0G_{\text{A:B}}^{\text{B2}} \\
&\quad - [x_{\text{A}}^2 \,^0G_{\text{A:A}}^{\text{B2}} + x_{\text{B}}^2 \,^0G_{\text{B:B}}^{\text{B2}} + 2x_{\text{A}}x_{\text{B}} \,^0G_{\text{A:B}}^{\text{B2}}] - T\Delta S
\end{aligned} \tag{A4-3}$$

ここで,規則相と不規則相の混合のエントロピー差を ΔS とし,$^0G_{\text{A:B}}^{\text{B2}} = {}^0G_{\text{B:A}}^{\text{B2}}$ の関係を用いた.ここで次式を代入する.

$$^0G_{\text{A:B}}^{\text{B2}} = {}^0G_{\text{m}}^{\text{A}_{0.5}\text{B}_{0.5}} + \frac{^0G_{\text{A:A}}^{\text{B2}} + {}^0G_{\text{B:B}}^{\text{B2}}}{2} \tag{A4-4}$$

$^0G_{\text{m}}^{\text{A}_{0.5}\text{B}_{0.5}}$ は式(2-68)で示したように,対相互作用パラメーターで与えられる.この操作によって,純物質の寄与がキャンセルされる.計算は煩雑であるが,式を整理すると,

$$\Delta G_{\text{m}}^{\text{order}} = \frac{1}{2}(y_{\text{A}}^{(1)} + y_{\text{A}}^{(2)} - 2x_{\text{A}}) \,^0G_{\text{A:A}}^{\text{B2}} + \frac{1}{2}(y_{\text{B}}^{(1)} + y_{\text{B}}^{(2)} - 2x_{\text{B}}) \,^0G_{\text{B:B}}^{\text{B2}} + \Delta G \tag{A4-5}$$

ここで,純物質の寄与以外を ΔG と置き直している.

$$\Delta G = (y_{\text{A}}^{(1)} y_{\text{B}}^{(2)} + y_{\text{B}}^{(1)} y_{\text{A}}^{(2)} - 2x_{\text{A}}x_{\text{B}})^0G_{\text{m}}^{\text{A}_{0.5}\text{B}_{0.5}} - T\Delta S$$

と計算される.$y_i^{(1)} + y_i^{(2)} = 2x_i$ の関係があるためカッコ内は 0 になる.したがって,

$$\Delta G_{\text{m}}^{\text{order}} = \Delta G \tag{A4-6}$$

通常,スプリットコンパウンドエナジーモデルでは,$G_{\text{m}}^{\text{disorder}}$(式(2-47),式(2-71))中の $^0G_{\text{m}}^{\alpha:i}$ だけを用いて,規則化のギブスエネルギー中の純物質 $^0G_{\text{A:A}}^{\text{B2}}$, $^0G_{\text{B:B}}^{\text{B2}}$ の値は 0 と置いている.

付録 A5

ギブスエネルギーにおける短範囲規則化の影響

式(2-92)の右辺を次のように変形する.

$$G_{\mathrm{m}}^{\mathrm{pair}} = \sum_{i=A}^{B} \sum_{j=A}^{B} \sum_{m=1}^{v} \sum_{n>m}^{v} z^{(m,n)} \frac{N^{(m)}}{N} w_{i:j}\, p_{i:j}^{(m,n)}$$

$$+ RT \left[\frac{N^{(m)}}{N} \sum_{m=1}^{v} \sum_{i=A}^{B} y_i^{(m)} \ln y_i^{(m)} + \sum_{i=A}^{B} \sum_{j=A}^{B} \sum_{m=1}^{v} \sum_{n>m}^{v} z^{(m,n)} \frac{N^{(m)}}{N} p_{i:j}^{(m,n)} \ln \left(\frac{p_{i:j}^{(m,n)}}{^0 p_{i:j}^{(m,n)}} \right) \right]$$

$$= \sum_{i=A}^{B} \sum_{j\neq A}^{B} \sum_{m=1}^{v} \sum_{n>m}^{v} z^{(m,n)} \frac{N^{(m)}}{N} w_{A:B}\,(^0 p_{i:j}^{(m,n)} + \varepsilon) + RT \frac{N^{(m)}}{N} \sum_{k=1}^{4} \sum_{i=A}^{B} y_i^{(k)} \ln y_i^{(k)}$$

$$+ RT \sum_{m=1}^{v} \sum_{n>m}^{v} z^{(m,n)} \frac{N^{(m)}}{N}$$

$$\times \left[\begin{array}{l} (^0 p_{A:A}^{(m,n)} - \varepsilon)\ln\left(1 - \dfrac{\varepsilon}{^0 p_{A:A}^{(m,n)}}\right) + (^0 p_{B:B}^{(m,n)} - \varepsilon)\ln\left(1 - \dfrac{\varepsilon}{^0 p_{B:B}^{(m,n)}}\right) \\[2mm] + (^0 p_{A:B}^{(m,n)} + \varepsilon)\ln\left(1 + \dfrac{\varepsilon}{^0 p_{A:B}^{(m,n)}}\right) + (^0 p_{B:A}^{(m,n)} + \varepsilon)\ln\left(1 + \dfrac{\varepsilon}{^0 p_{B:A}^{(m,n)}}\right) \end{array} \right]$$

$$(A5\text{-}1)$$

ここで, 右辺第一項の対相互作用には $w_{A:A} = w_{B:B} = 0$, $w_{A:B} = w_{B:A}$ を考慮している. 右辺第三項の対数部分を $\ln(1+t) = t - t^2/2 + \cdots$ と級数展開し, 第二項まで用いると

$$G_{\mathrm{m}}^{\mathrm{pair}} = z' N' w_{A:B} \sum_{i=A}^{B} \sum_{j=i}^{B} \sum_{m=1}^{v} \sum_{n>m}^{v} (^0 p_{i:j}^{(m,n)} + \varepsilon) + N' RT \sum_{m=1}^{v} \sum_{i=A}^{B} y_i^{(m)} \ln y_i^{(m)}$$

$$+ \frac{z' N' RT \varepsilon^2}{2} \sum_{m=1}^{v} \sum_{n>m}^{v}$$

$$\times \left\{ \begin{array}{l} \dfrac{1}{^0 p_{A:A}^{(m,n)}} + \dfrac{1}{^0 p_{B:B}^{(m,n)}} + \dfrac{1}{^0 p_{A:B}^{(m,n)}} + \dfrac{1}{^0 p_{B:A}^{(m,n)}} \\[2mm] + \varepsilon\left[\dfrac{1}{^0 p_{A:A}^{(m,n)2}} + \dfrac{1}{^0 p_{B:B}^{(m,n)2}} - \dfrac{1}{^0 p_{A:B}^{(m,n)2}} - \dfrac{1}{^0 p_{B:A}^{(m,n)2}} \right] \end{array} \right\}$$

$$(A5\text{-}2)$$

$^0 p_{A:A}^{(m,n)} + {}^0 p_{B:B}^{(m,n)} = {}^0 p_{A:B}^{(m,n)} + {}^0 p_{B:A}^{(m,n)}$, $y_A^{(m)} + y_B^{(m)} = 1$, $y_A^{(n)} + y_B^{(n)} = 1$ を用いると, 右辺括弧内第 1〜4 項は,

$$\frac{1}{^0 p_{A:A}^{(m,n)}} + \frac{1}{^0 p_{B:B}^{(m,n)}} + \frac{1}{^0 p_{A:B}^{(m,n)}} + \frac{1}{^0 p_{B:A}^{(m,n)}} = \frac{1}{^0 p_{A:B}^{(m,n)}\, {}^0 p_{B:A}^{(m,n)}}$$

$$(A5\text{-}3)$$

となる. $z^{(m,n)}$ は z', $N^{(m)}/N$ は N' で置き換えている (A2/B2, A1/L1$_0$/L1$_2$ においては m, n によらず一定であるため). SRO に関する項 (ε を含む項) を $\Delta G_{\mathrm{m}}^{\mathrm{SRO}}$ とすると

$$\Delta G_{\mathrm{m}}^{\mathrm{SRO}} = z' N' w_{\mathrm{A:B}} \sum_{i=\mathrm{A}}^{\mathrm{B}} \sum_{j \neq i}^{\mathrm{B}} \sum_{m=1}^{v} \sum_{n>m}^{v} \varepsilon$$

$$+ \frac{z' N' RT \varepsilon^2}{2} \left\{ \frac{\sum_{m=1}^{v} \sum_{n>m}^{v} \dfrac{1}{{}^0 p_{\mathrm{B:A}}^{(m,n)} \, {}^0 p_{\mathrm{A:B}}^{(m,n)}}}{{} + \varepsilon \sum_{m=1}^{v} \sum_{n>m}^{v} \left[\dfrac{1}{{}^0 p_{\mathrm{A:A}}^{(m,n)2}} + \dfrac{1}{{}^0 p_{\mathrm{B:B}}^{(m,n)2}} - \dfrac{1}{{}^0 p_{\mathrm{A:B}}^{(m,n)2}} - \dfrac{1}{{}^0 p_{\mathrm{B:A}}^{(m,n)2}} \right]} \right\}$$

(A5-4)

$\varepsilon \ll 1$ の場合，右辺カッコ内の第二項 ε^3 は微小量であるので無視して，

$$\Delta G_{\mathrm{m}}^{\mathrm{SRO}} = z' N' w_{\mathrm{A:B}} \sum_{i=\mathrm{A}}^{\mathrm{B}} \sum_{j \neq i}^{\mathrm{B}} \sum_{m=1}^{v} \sum_{n>m}^{v} \varepsilon + \frac{z' N' RT \varepsilon^2}{2} \sum_{m=1}^{v} \sum_{n>m}^{v} \frac{1}{{}^0 p_{\mathrm{B:A}}^{(m,n)} \, {}^0 p_{\mathrm{A:B}}^{(m,n)}} \quad \text{(A5-5)}$$

平衡状態ではギブスエネルギーは SRO に関して極値を取るため，$\dfrac{\partial G_{\mathrm{m}}^{\mathrm{pair}}}{\partial \varepsilon} = 0.$

$$\varepsilon = \frac{-w_{\mathrm{A:B}}}{RT} \frac{\displaystyle\sum_{i=\mathrm{A}}^{\mathrm{B}} \sum_{j \neq i}^{\mathrm{B}} \sum_{m=1}^{v} \sum_{n>m}^{v} 1}{\displaystyle\sum_{m=1}^{v} \sum_{n>m}^{v} \dfrac{1}{{}^0 p_{\mathrm{B:A}}^{(m,n)} \, {}^0 p_{\mathrm{A:B}}^{(m,n)}}}$$

$$\Delta G_{\mathrm{m}}^{\mathrm{SRO}} = \frac{-z' N' w_{\mathrm{A:B}}^2}{2RT} \frac{\left(\displaystyle\sum_{i=\mathrm{A}}^{\mathrm{B}} \sum_{j \neq i}^{\mathrm{B}} \sum_{m=1}^{v} \sum_{n>m}^{v} 1 \right)^2}{\displaystyle\sum_{m=1}^{v} \sum_{n>m}^{v} \dfrac{1}{{}^0 p_{\mathrm{B:A}}^{(m,n)} \, {}^0 p_{\mathrm{A:B}}^{(m,n)}}} \quad \text{(A5-6)}$$

対相互作用パラメーターの符号にかかわらず $\Delta G_{\mathrm{m}}^{\mathrm{SRO}}$ は常に負であり，SRO が生じると常にギブスエネルギーが低下することを意味している．

2副格子分けした A2/B2 に対して，短範囲規則度とそのギブスエネルギーへの寄与は，$N' = 0.5, z' = 8, v = 2$ を代入すると，

$$\varepsilon = -{}^0 p_{\mathrm{B:A}}^{(1,2)} \, {}^0 p_{\mathrm{A:B}}^{(1,2)} \frac{2 w_{\mathrm{A:B}}}{RT}$$

$$\Delta G_{\mathrm{m}}^{\mathrm{SRO}} = -{}^0 p_{\mathrm{B:A}}^{(1,2)} \, {}^0 p_{\mathrm{A:B}}^{(1,2)} \frac{8 w_{\mathrm{A:B}}^2}{RT} \quad \text{(A5-7)}$$

式中の対確率はランダム分布から期待される対確率なので，副格子濃度で書き換えると，

$$\varepsilon = -y_{\mathrm{A}}^{(1)} y_{\mathrm{B}}^{(1)} y_{\mathrm{A}}^{(2)} y_{\mathrm{B}}^{(2)} \frac{2 w_{\mathrm{A:B}}}{RT}$$

$$\Delta G_{\mathrm{m}}^{\mathrm{SRO}} = -y_{\mathrm{A}}^{(1)} y_{\mathrm{B}}^{(1)} y_{\mathrm{A}}^{(2)} y_{\mathrm{B}}^{(2)} \frac{8 w_{\mathrm{A:B}}^2}{RT} \quad \text{(A5-8)}$$

A-50 at% B における転移温度 $T_{\mathrm{C}} = -4 w_{i:j}/R$（式(2-80)）を T に代入して，

$$\Delta G_{\mathrm{m}}^{\mathrm{SRO}} = -y_{\mathrm{A}}^{(1)} y_{\mathrm{B}}^{(1)} y_{\mathrm{A}}^{(2)} y_{\mathrm{B}}^{(2)} \frac{8 w_{\mathrm{A:B}}^2}{RT_{\mathrm{C}}^*} = 2 y_{\mathrm{A}}^{(1)} y_{\mathrm{B}}^{(1)} y_{\mathrm{A}}^{(2)} y_{\mathrm{B}}^{(2)} w_{\mathrm{A:B}}$$

したがって，このときのギブスエネルギー（式(A5-2)）は，

付録 A5　ギブスエネルギーにおける短範囲規則化の影響　　　185

$$G_{\mathrm{m}}^{\mathrm{pair}} = 4 w_{\mathrm{A:B}} \sum_{i=\mathrm{A}}^{\mathrm{B}} \sum_{j \neq i}^{\mathrm{B}} y_i^{(1)} y_j^{(2)} + \frac{RT}{2} \sum_{m=1}^{2} \sum_{i=\mathrm{A}}^{\mathrm{B}} y_i^{(m)} \ln y_i^{(m)} + 2 y_{\mathrm{A}}^{(1)} y_{\mathrm{B}}^{(1)} y_{\mathrm{A}}^{(2)} y_{\mathrm{B}}^{(2)} w_{\mathrm{A:B}}$$

(A5-9)

式(2-66)の B2 における過剰ギブスエネルギー項は，第二近接相互作用を 0 とし，レシプロカルパラメーター項を $v = 0$ まで取ると，

$$^{\mathrm{ex}}G_{\mathrm{m}}^{\mathrm{B2}} = y_{\mathrm{A}}^{(1)} y_{\mathrm{B}}^{(1)} y_{\mathrm{A}}^{(2)} y_{\mathrm{B}}^{(2)} L_{\mathrm{A,B:A,B}}^{(0)}$$

(A5-10)

式(A5-9)と(A5-10)の係数を比較すると，

$$L_{\mathrm{A,B:A,B}}^{(0)} = 2 w_{\mathrm{A:B}}$$

(A5-11)

また，4 副格子分けした，A1/L1$_2$/L1$_0$ に対しては，

$$\varepsilon = \frac{-12 w_{\mathrm{A:B}}}{RT} \cfrac{1}{\sum\limits_{m=1}^{v} \sum\limits_{n>m}^{v} \cfrac{1}{^0 p_{\mathrm{B:A}}^{(m,n)}\, ^0 p_{\mathrm{A:B}}^{(m,n)}}}$$

$$\Delta G_{\mathrm{m}}^{\mathrm{SRO}} = \frac{-72 w_{\mathrm{A:B}}^2}{RT} \cfrac{1}{\sum\limits_{m=1}^{v} \sum\limits_{n>m}^{v} \cfrac{1}{^0 p_{\mathrm{B:A}}^{(m,n)}\, ^0 p_{\mathrm{A:B}}^{(m,n)}}}$$

(A5-12)

不規則状態では，

$$^0 p_{\mathrm{A:B}}^{(1,2)} = {}^0 p_{\mathrm{A:B}}^{(1,3)} = {}^0 p_{\mathrm{A:B}}^{(1,4)} = {}^0 p_{\mathrm{A:B}}^{(2,3)} = {}^0 p_{\mathrm{A:B}}^{(2,4)} = {}^0 p_{\mathrm{A:B}}^{(3,4)} = x_{\mathrm{A}} x_{\mathrm{B}}$$

(A5-13)

式(A5-8)に代入すると，

$$\varepsilon = - x_{\mathrm{A}}^2 x_{\mathrm{B}}^2 \frac{2 w_{\mathrm{A:B}}}{RT}$$

$$\Delta G_{\mathrm{m}}^{\mathrm{SRO}} = - x_{\mathrm{A}}^2 x_{\mathrm{B}}^2 \frac{12 w_{\mathrm{A:B}}^2}{RT}$$

(A5-14)

A-50 at% B における転移温度 $T_{\mathrm{C}} = -2 w_{\mathrm{A:B}}/R$（図 2.20(a)参照）を T に代入して，

$$\Delta G_{\mathrm{m}}^{\mathrm{SRO}} = x_{\mathrm{A}}^2 x_{\mathrm{B}}^2 \frac{-12 w_{\mathrm{A:B}}^2}{RT_{\mathrm{C}}} = 6 x_{\mathrm{A}}^2 x_{\mathrm{B}}^2 w_{\mathrm{A:B}}$$

(A5-15)

レシプロカルパラメーター項（式(2-82)）と比較すると，

$$L_{\mathrm{A,B:A,B:*:*}}^{(0)} = L_{\mathrm{A,B:*:A,B:*}}^{(0)} = L_{\mathrm{A,B:*:*:A,B}}^{(0)} = L_{\mathrm{*:A,B:A,B:*}}^{(0)} = L_{\mathrm{*:A,B:*:A,B}}^{(0)} = L_{\mathrm{*:*:A,B:A,B}}^{(0)} = w_{\mathrm{A,B}}$$

(A5-16)

付録 A6

準正則溶体における溶解度ギャップ

A-B 二元系の溶体相における溶解度ギャップの有無は，$T=0\,\mathrm{K}$ において，ギブスエネルギー曲線が上に凸になっている部分があるかどうかを調べればよい．溶体相 α のギブスエネルギーは，式(2-47)で与えられる．

$$G_{\mathrm{m}}^{\alpha}=\sum_{i=\mathrm{A}}^{\mathrm{B}} x_i\,{}^0G_{\mathrm{m}}^{\alpha\cdot i}+RT\sum_{i=\mathrm{A}}^{\mathrm{B}} x_i\ln(x_i)+\sum_{i=\mathrm{A}}\sum_{j>i} x_i x_j \Omega_{i,j} \qquad (\text{A6-1})$$

$T=0\,\mathrm{K}$，純物質のギブスエネルギーを ${}^0G_{\mathrm{m}}^{\alpha\cdot i}=0$（純物質のギブスエネルギー ${}^0G_{\mathrm{m}}^{\alpha\cdot i}$ による組成依存性は直線（式(A6-1)右辺第一項）で表されるため，溶解度ギャップの有無には影響を与えない）として，過剰ギブスエネルギーに R-K 級数を用いると，

$$G_{\mathrm{m}}^{\alpha}=x_{\mathrm{A}} x_{\mathrm{B}}\sum_{n=0}^{v} L_{\mathrm{A,B}}^{(n)}(x_{\mathrm{A}}-x_{\mathrm{B}})^n \qquad (\text{A6-2})$$

$v=1$ まで展開すると，

$$G_{\mathrm{m}}^{\alpha}=x_{\mathrm{A}} x_{\mathrm{B}}[L_{\mathrm{A,B}}^{(0)}+L_{\mathrm{A,B}}^{(1)}(x_{\mathrm{A}}-x_{\mathrm{B}})] \qquad (\text{A6-3})$$

$x_{\mathrm{A}}=1-x_{\mathrm{B}}$ に注意して式(A6-3)の二階微分を取れば

$$\frac{d^2 G_{\mathrm{m}}^{\alpha}}{dx_{\mathrm{B}}^2}=-2L_{\mathrm{A,B}}^{(0)}+(-6+12x_{\mathrm{B}})L_{\mathrm{A,B}}^{(1)} \qquad (\text{A6-4})$$

式(A6-4)が負の領域があれば溶解度ギャップを持つ．上式を整理して，

$$L_{\mathrm{A,B}}^{(0)}+3L_{\mathrm{A,B}}^{(1)}>6x_{\mathrm{B}}L_{\mathrm{A,B}}^{(1)} \qquad (\text{A6-5})$$

図 A6.1（a），（b）に $L_{\mathrm{A,B}}^{(0)}=-1$，$L_{\mathrm{A,B}}^{(1)}=+1$ とした場合の G_{m}^{α}，式(A6-5)の右辺（y_1）と左辺（y_2）の組成依存性を示す．$v=1$ の場合，$T=0\,\mathrm{K}$ では平衡する二相の一方は常に純物質である．したがって，$L_{\mathrm{A,B}}^{(1)}>0$ に対しては $x_{\mathrm{B}}=0$，$L_{\mathrm{A,B}}^{(1)}<0$ に対しては $x_{\mathrm{B}}=1$ において（図 A6.1（c），（d）参照），$v=1$ の溶体相が溶解度ギャップを持つ条件は，それぞれの場合で式(A6-4)が負になればいいので，

$$-L_{\mathrm{A,B}}^{(0)}<3|L_{\mathrm{A,B}}^{(1)}| \qquad (\text{A6-6})$$

$n=0,2$ 項のみの場合には，上式の場合と同様に，$L_{\mathrm{A,B}}^{(2)}>0$ に対しては $x_{\mathrm{B}}=0$ で溶解度ギャップを持つ条件は，

$$-L_{\mathrm{A,B}}^{(0)}<5L_{\mathrm{A,B}}^{(2)}\;(L_{\mathrm{A,B}}^{(2)}>0) \qquad (\text{A6-7})$$

$n=0,3$ 項のみの場合には，同様に，

$$-L_{\mathrm{A,B}}^{(0)}<7|L_{\mathrm{A,B}}^{(3)}| \qquad (\text{A6-8})$$

二相の一方が $x_{\mathrm{B}}=0$ となる場合には次のように一般化できる（n が偶数項は全て正の場合．負になると，例えば図 3.17（f）に示したように特徴的な溶解度ギャップと

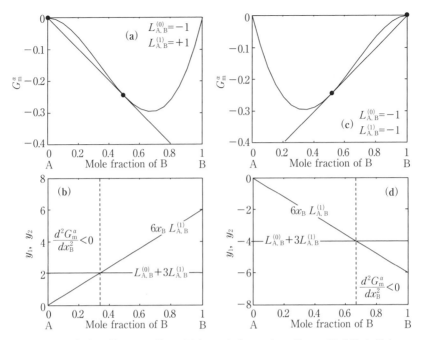

図 A6.1 （a） $L^{(0)}<0$, $L^{(1)}>0$ 場合のギブスエネルギーの組成依存性と（b）条件式(A6-5). 二階微分が負になる組成域があると溶解度ギャップが生じる.（c） $L^{(0)}<0$, $L^{(1)}<0$ 場合のギブスエネルギーの組成依存性と（d）条件式(A6-5).

なる).

$$-L_{A,B}^{(0)} < \sum_{n=0}^{v}(2n+1)|L_{A,B}^{(n)}| \tag{A6-9}$$

これが溶解度ギャップの条件式であるが, $L_{A,B}^{(n)}$（n は偶数）項が負の場合を除く. 負の場合については後で取り扱う. 式(A6-9)は n が大きくなるとともに係数が大きくなるため, 高次項ほど溶解度ギャップを生じさせやすいことを示している. したがって, 熱力学アセスメントにおいて, R-K 級数の高次項を導入しなければならないときには, 本来生じないはずの準安定溶解度ギャップが高温域まで張り出していないか注意が必要である. 通常, 過剰ギブスエネルギー項は, $n=0$ 項が最も大きく, それ以上の級数項はそれよりも小さいため, 式(A6-8)を満たすような溶解度ギャップが 300 K 以上の温度域に現れるのはまれである. しかし, 各パラメーターは

$L_{A,B}^{(n)}=a+bT$ のように温度依存項を含んでおり，温度域によっては式(A6-8)を満たしてしまうことがある（熱力学アセスメントに用いた実験値から大きく離れた温度域へ外挿する場合など）．この例としては，図3.35に示した高温域での液相の溶解度ギャップが上げられる．通常，熱力学アセスメントでは最後に広い温度域で状態図を計算したり，いくつかの相を平衡計算から除外して準安定状態図を求めたりして，不要な相が現れてしまうかどうかを確認するが，チェックが不十分な場合も多い（特に Thermo-Calc Classic Ver. S よりも前のバージョンを用いて状態図を計算している場合に見逃されていることがある）．

$v=2$ の場合には，パラメーターが負（$L_{A,B}^{(2)}<0$）になると，図3.17（f）に示したように特徴的な曲線となり，純物質との二相にはならない．この場合には，R-K級数を展開すると，

$$G_m^{\alpha}=x_A x_B[L_{A,B}^{(0)}+L_{A,B}^{(1)}(x_A-x_B)+L_{A,B}^{(2)}(x_A-x_B)^2] \tag{A6-10}$$

同様に $d^2G_m^{\alpha}/dx_B^2<0$ の組成域があればよい．$L_{A,B}^{(2)}<0$ の場合，$d^2G_m^{\alpha}/dx_B^2$ vs. x_B は下に凸の曲線になるため，二次方程式の解の公式を用いて，

$$x_B=\frac{1}{8}\left[\frac{L_{A,B}^{(1)}}{L_{A,B}^{(2)}}+4\pm\sqrt{\left(\frac{L_{A,B}^{(1)}}{L_{A,B}^{(2)}}\right)^2+\frac{8}{3}\left(1-\frac{L_{A,B}^{(0)}}{L_{A,B}^{(2)}}\right)}\right] \tag{A6-11}$$

ここで，解が得られる場合に溶解度ギャップが生じる．したがって溶解度ギャップの有無は，判別式を満たす条件を探せばよい．

$$\left(\frac{L_{A,B}^{(1)}}{L_{A,B}^{(2)}}\right)^2+\frac{8}{3}\left(1-\frac{L_{A,B}^{(0)}}{L_{A,B}^{(2)}}\right)\geq0 \tag{A6-12}$$

上式を整理すると，

$$3L_{A,B}^{(1)\,2}+8L_{A,B}^{(2)\,2}-8L_{A,B}^{(0)}L_{A,B}^{(2)}\geq0 \tag{A6-13}$$

これは $L_{A,B}^{(2)}$ が負の場合（$d^2G_m^{\alpha}/dx_B^2$ vs. x_B 曲線が下に凸）の条件式である．左辺第一項と第二項は常に正なので，$L_{A,B}^{(2)}\geq0$ では（$L_{A,B}^{(2)}$ は負なので）左辺は常に正になるため溶解度ギャップが生じる．また，$L_{A,B}^{(1)}=0$ の場合には条件 $L_{A,B}^{(0)}\geq L_{A,B}^{(2)}$ を満たす場合に溶解度ギャップが生じる．$L_{A,B}^{(2)}\geq0$ の場合（$d^2G_m^{\alpha}/dx_B^2$ vs. x_B 曲線が上に凸）には条件式(A6-9)で与えられる．

より詳細な解析は文献を参照してほしい（T. Abe, K. Ogawa, K. Hashimoto, Calphad. 38（2012）161-167）．

付録 A7

直交座標系と三角図の関係

　三元系の等温断面の表示には，直交座標系ではなく，三角図が用いられることが多く，三角図に初めて接する場合，その読み方にとまどうこともあるだろう．ここでは，直交座標系と三角図の関係を示す．温度，圧力が一定で，モル分率（式(1-37)））を用いれば，独立変数は三つの成分のうちの二つのモル分率になり，直交座標系でも表現できる（モル分率には $x_A+x_B+x_C=1$ の関係があるため）．**図 A7.1**（a）にその例を示す．直交座標系の場合，x_A, x_C に比べ x_B はスケールが $1/\sqrt{2}$ だけ異なる．

　各成分の変化幅は同じなので（0〜1），直交座標で表すよりも，三辺の長さを等しい正三角形を用いた方がわかりやすい（図 A7.1（b））．また，状態図によって，成分濃度の矢印の向きが異なる場合があるが，どの成分を変数にしているかの違いだけで同じ状態図である．例えば，図 A7.1（b）の b-c は B の組成 x_B を変数とすれば矢印は左向きになるが，C の組成 x_C を変数とすれば右向きになる（$x_A=0, x_B+x_C=1$）．図 A7.1（a）の直角三角形の面積は，$\triangle abc = \triangle pbc + \triangle pac + \triangle pab = 1\times 1\times 1/2 = 1/2\times 1\times x_A + 1/2\times \sqrt{2}\times x_B/\sqrt{2} + 1/2\times 1\times x_C$．これより $x_A+x_B+x_C=1$ となる．

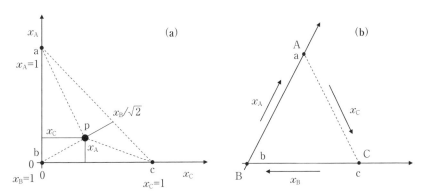

図 A7.1　（a）直交座標系と，（b）等温断面の描画に用いる三角形図との関係．

付録 A8

元素 A と B の安定結晶構造が異なる場合の
二元系状態図

　元素 A と B の安定固相が異なる場合を考える（それぞれ sol1 と sol2 とする）．液相も含め全て理想溶体とすると，それぞれの相のギブスエネルギーは次式で与えられる．

$$G_m^{liq} = x_A \, {}^0G_m^{liq \cdot A} + x_B \, {}^0G_m^{liq \cdot B} + RT[x_A \ln (x_A) + x_B \ln (x_B)]$$

$$G_m^{sol1} = x_A \, {}^0G_m^{sol1 \cdot A} + x_B \, {}^0G_m^{sol1 \cdot B} + RT[x_A \ln (x_A) + x_B \ln (x_B)]$$

$$G_m^{sol2} = x_A \, {}^0G_m^{sol2 \cdot A} + x_B \, {}^0G_m^{sol2 \cdot B} + RT[x_A \ln (x_A) + x_B \ln (x_B)] \qquad \text{(A8-1)}$$

ここで，各エンドメンバーのギブスエネルギーは，

$${}^0G_m^{sol1 \cdot A} = -800R + RT \, \text{J mol}^{-1}$$

$${}^0G_m^{sol1 \cdot B} = -1200R + RT + 700R$$

$${}^0G_m^{sol2 \cdot A} = -800R + RT + 500R$$

$${}^0G_m^{sol2 \cdot B} = -1200R + RT$$

$${}^0G_m^{liq \cdot A} = 0$$

$${}^0G_m^{liq \cdot B} = 0 \qquad \text{(A8-2)}$$

準安定固相のエンドメンバー（${}^0G_m^{sol2 \cdot A}, {}^0G_m^{sol1 \cdot B}$）のギブスエネルギーは，${}^0G_m^{sol1 \cdot A} < {}^0G_m^{sol2 \cdot A}, {}^0G_m^{sol1 \cdot B} > {}^0G_m^{sol2 \cdot B}$ となればいいのでそれぞれ $+500R, +700R$ を加えている．このときの状態図と各相のギブスエネルギーを**図 A8.1**（a），（b）に示す．図 3.3，図 3.8 と同様の共晶状態図を得ることができる．このように A-B 間の原子間相互作用が反発型ではなくても共晶型の状態図が現れる．また，sol1-B の融点を 1000 K とすると（${}^0G_m^{sol1 \cdot B} = -1200R + RT + 200R$），図 A8.1（c）に示す包晶状態図が得られる．このようにラティススタビリティによって状態図の形状は大きく影響を受ける．安定相のギブスエネルギーは実験データなどから精密に決めることができるが，実験データが限られているなど，元素によっては準安定相のギブスエネルギーの推定が難しい場合もある（ランタノイド系など）．現在では，第一原理計算により熱力学量の推定が行われるようになり，より確からしい値（例えば，Wang et al.：CALPHAD, **28**（2008），79-90 参照）を用いることもできるが，その場合にはこれまでに構築されきた熱力学データベースとの整合性がなくなってしまう．2.6 節でも触れたが，第一原理計算を積極的に援用して SGTE Pure データベースを構築する試みはなされているが，実際の合金系に適用された例はまだない．

　また，ここで準安定構造のラティススタビリティの問題点を具体的に指摘してお

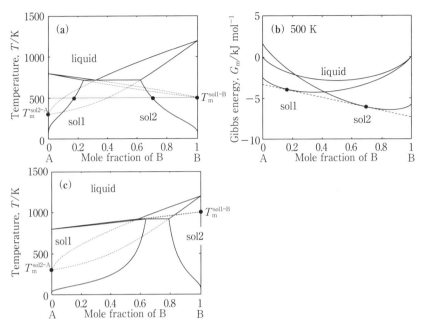

図 A8.1 （a）元素 A と B の安定固相が異なる場合の二元系状態図（全て理想溶体）．$T_m^{sol2\text{-}A}$, $T_m^{sol1\text{-}B}$ は，準安定相 sol2-A と sol1-B の融点．破線は液相-sol1 と液相-sol2 の準安定相境界．（b）500 K における各相のギブスエネルギーの濃度依存性．（c）$^0G_m^{sol1\text{-}B} = -1200R + RT + 200R$ とした場合の状態図（包晶反応が生じる）．

く．図 A8.1（a）ではモデル（理想溶体）を決めて状態図を計算したが，実際の熱力学アセスメントではこの逆の手続きを行うことになる．すなわち，図 A8.1（a）に示す実験状態図が先に得られており，この状態図を最もよく再現できるように各相のギブスエネルギーを求める作業（熱力学アセスメント）を行う．このときに，準安定のエンドメンバー sol1-B と sol2-A を含め，ラティススタビリティがよく推定されていれば，液相，sol1, sol2 を理想溶体とすることで，この場合には十分に実験データを再現できる状態図（図 A8.1（a））を得ることができる．

ここで sol1 の元素 B ラティススタビリティの推定値が大きく異なっている場合を考える．すなわち図 A8.1（c）における sol1-B であった場合（融点が 500 K ではなく 1000 K になっている場合）を考えよう．液相，sol1, sol2 をそれぞれ理想溶体とすると図 A8.1（c）の包晶状態図が得られ，実験状態図とは大きく異なってしま

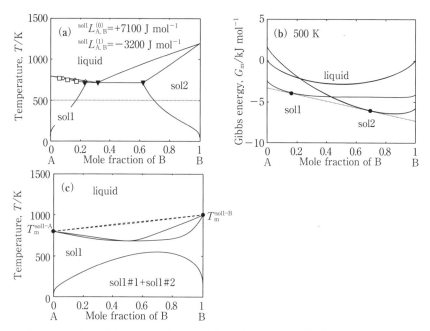

図 A8.2 （a）図 A8.1（c）の包晶状態図の sol1 に過剰ギブスエネルギーを導入して，共晶状態図（図 A8.1（a））を再現した例（プロットはパラメーターの最適化（4章参照）に用いた相境界データ）．（b）500 K における各相のギブスエネルギー（sol1 の濃度依存性が上に凸になっている（図 A8.1（b）と比較すること））．（c）sol2 を除いて計算した準安定状態図．R-K 級数の第一項が正なので，低温域で sol1 に溶解度ギャップが生じている（点線は sol1 が理想溶体の場合の液相線と固相線）．

う．図 A8.1（a）を再現するためには，過剰ギブスエネルギー項を導入する必要がある．**図 A8.2**（a）に図中の実験データ（相平衡データ）を用いて R-K 級数項を求めた結果を示す．sol1 に過剰ギブスエネルギーを考慮することで，異なるラティススタビリティを用いても図 A8.1（a）の状態図が再現できることがわかる．用いた相境界データ（図中のプロット）と得られたパラメーターは図中に示した．しかし，理想溶体と仮定して得られた図 A8.1（a）の状態図には溶解度ギャップが表れないのに対して，図 A8.2（b），（c）に示すように，sol1 には準安定の溶解度ギャップが現れる．これは，共晶反応を再現するように sol1 中の A-B 元素間に反発型の相互作用を導入したことによる．同じ状態図が得られているがその中身は全く

異なっている（理想溶体と準正則溶体）．また同様に，図 A8.1（a）のラティススタビリティを用いて，図 A8.1（c）の包晶状態図を再現することも可能である（この場合にはより多くの R-K 級数項が必要になる）．

これまで，過剰ギブスエネルギー項が正の場合には，反発型の相互作用，負の場合には引力型の相互作用と述べてきたが，実際の計算状態図では，R-K 級数項にはラティススタビリティ（の推定誤差）の影響を含んでいることを合わせて念頭に置かなければならない．いくつかの元素では，CALPHAD のラティススタビリティ（SGTE Pure データベース）と第一原理計算からの推定値（前出の文献 Wang ら参照）が大きく異なっており，熱力学アセスメントを行う場合や状態図を読み解く場合にはこの点も考慮しなければならない．

共晶系（A8.1（c））⇔ 包晶系（A8.2（a））の変換には，パラメーターの最適化が必要である．そのためのポップファイル，セットアップファイルは，NIMS Thermodynamic Database からダウンロードできる．第 4 章で取り上げた実際の状態図の熱力学アセスメントをする前の練習としてためしてみるといいだろう．

付録 A9

シュライネマーカース則に関する補足

シュライネマーカース則とギブスエネルギーの関係を示しておく．ここで**図 A9.1**（a）の状態図を考える．点aのα単相合金にN_bだけ成分bを加えると，点a合金の組成は矢印の方向に変化する．このときの成分cのケミカルポテンシャルの変化（符号）がわかればよい．図の破線は$\alpha+\gamma$二相境界の外挿線であり，bの添加によっ

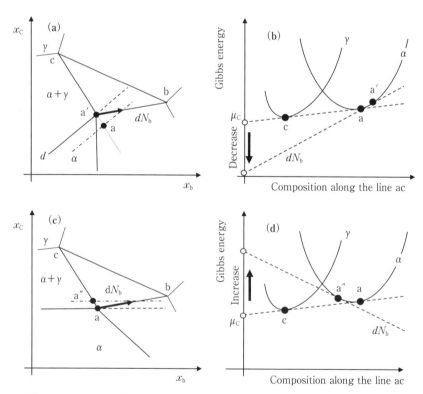

図 A9.1 シュライネマーカース則の模式図．（a）線daの延長線が三相領域に入る場合，N_bの増加によってCのケミカルポテンシャルは低下する．（b）線caa'に沿ったギブスエネルギー曲線．（c）線daの延長線が二相域に入る場合，N_bの増加によってCのケミカルポテンシャルは増加する．（d）線ca"aに沿ったギブスエネルギー曲線．

付録 A9　シュライネマーカース則に関する補足　　　195

て，合金組成は，$\alpha+\gamma$ 二相領域の外側に出てしまうことがわかる．図 A9.1（b）に
線 caa' に沿った各相のギブスエネルギーを示す．a-c 二相域から外にずれた点 a' に
おける c のケミカルポテンシャルは，図に示したように減少する．すなわち，次式
は負になる．

$$\left(\frac{\partial \mu_c}{\partial N_b}\right)_{N_c} < 0 \tag{A9-1}$$

マックスウェルの関係式から，もう一方の単相境界の延長線については，N_c の増加
（点 a から点 a″ への変化に相当する）に対して，μ_b が減少しなければならない．す
なわち，

$$\left(\frac{\partial \mu_b}{\partial N_c}\right)_{N_b} < 0 \tag{A9-2}$$

　一方で図 A9.1（c）の状態図のように，外挿線が二相域へ向かう場合には，式
（A9-1）は正（図 A9.1（d））になるため，式(A9-2)も正にならなければならない．
もし一方が二相域，もう一方が三相域へ向かうと符号が異なるためマックスウェル
の関係式と矛盾する．

付録 A10
純物質のギブスエネルギーの記述

fcc_A1 構造の純 Al のギブスエネルギー関数を例に説明する．SGTE Pure データベース Ver.4.4 によると fcc_A1 構造の純 Al のギブスエネルギーは三つの温度域に分けて定義されている．

298.15 < T < 700 K
$$^0G_m^{Al} = -7976.15 + 137.093038T - 24.3671976T\ln(T)$$
$$-8.77664 \times 10^{-7}T^3 - 1.884662 \times 10^{-3}T^2 + 74092T^{-1} \quad (A10\text{-}1)$$

700 < T < 933.47 K
$$^0G_m^{Al} = -11276.24 + 223.048446T - 38.5844296T\ln(T)$$
$$+1.8531982 \times 10^{-2}T^2 - 5.764227 \times 10^{-6}T^3 + 74092T^{-1} \quad (A10\text{-}2)$$

933.47 < T < 2900 K
$$^0G_m^{Al} = -11278.378 + 188.684153T - 31.748192T\ln(T)$$
$$-1.230524 \times 10^{28}T^{-9} \quad (A10\text{-}3)$$

fcc_A1 Al のギブスエネルギーの温度依存性を**図 A10.1** に示す．これら関数のデータベース中の定義は以下のようになる．

PARAMETER G(FCC_A1, AL:VA;0)　298.15
-7976.15+137.093038*T-24.3671976*T*LN(T)-1.884662E-3*T**2-0.877664E

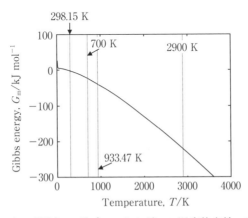

図 A10.1 Al（fcc 構造）のギブスエネルギーの温度依存性．三つの温度域に分けて記述されている．

-6*T**3+74092*T**(-1)；　700.00 Y

-11276.24+223.048446*T-38.5844296*T*LN(T)+0.018531982*T**2-5.764227E

-6*T**3+74092*T**(-1)；　933.47 Y

−11278.378+188.684153*T-31.748192*T*LN(T)-1230.524E25*T**(−9)；

2900.00 N！

最初の「Parameter」はパラメーター G（FCC_A1, AL：VA；0）を定義するためのコマンド．G（FCC_A1, AL：VA；0）は fcc 構造を持つ純 Al のギブスエネルギー $^0G_\mathrm{m}^{\mathrm{fcc\_A1-Al}}$ である．298.15 K は関数の有効な温度範囲の下限．700 K がその上限．「；」は関数の終了を表している．Y はこの温度範囲（298.15〜700 K）の高温側にさらに別の関数を定義するかどうかで，Y は Yes，N は No の意味である．この場合にはさらに別の関数を定義するので「Y」とする．次の関数の温度範囲は 700〜933.47 K．さらにその次の関数の温度範囲は 933.47〜2900 K．「！」はこのコマンド行の最後を表している．これらギブスエネルギー関数は，低温側から高温側へと記述する．2900 K 以上の温度域では最後の関数が用いられ，298.15 K 以下に対しては最初の関数が適用される．

参 考 文 献

　以下参考のため，本書に関連した代表的な教科書・文献・ウェブサイトを挙げておく．

A　状態図集

[1]　M. Hansen : Constitution of binary alloys, 2nd edition, McGraw-Hill（1958）.

[2]　W. G. Moffatt : Binary phase diagrams handbook, General electric（1976）.

[3]　T. B. Massalski, H. Okamoto, P. R. Subramanian and L. Kacprzak（ed.）: Binary alloy phase diagrams 2nd edition, ASM Int.（1990）.

[4]　長崎誠三，平林　真：二元合金状態図集，アグネ技術センター（2001）.

[5]　O. A. Bannykh, 江南和幸，長崎誠三，西脇　醇：鉄合金状態図集，アグネ技術センター（2001）.

[6]　T. Gasparik : Phase diagrams for geoscientists, Springer（2003）.

[7]　H. Okamoto : Desk handbook, Phase diagrams for binary alloys, ASM Int.（2010）.

B　熱力学データ集

[1]　日本学術振興会第 19 委員会：鉄鋼と合金元素（上，下），誠文堂（1966）.

[2]　D. A. Young : Phase diagrams of the elements, California（1976）.

[3]　A. J. Bard, R. Parsons and J. Jordan（ed.）: Standard potentials in aqueous solution, CRC Press（1985）.

[4]　F. R. de Boer, R. Boom, W. C. M. Mattens, A. R. Miedema and A. K. Niessen : Cohesion in metals, North-Holland（1988）.

[5]　A. T. Dinsdale : SGTE data for pure elements, CALPHAD **15**（1991）, 317-425.

[6]　O. Kubaschewski, C. B. Alcock and P. J. Spencer : Materials thermochemistry 6th edition, Pergamon（1993）.

[7]　熱物性学会編：新編熱物性ハンドブック，養賢堂（2008）.

C　状態図に関する書籍

[1]　渡辺久藤，佐藤英一郎：実用合金状態図説，日刊工業新聞社（1966）.

[2]　L. Kaufman and H. Bernstein : Computer calculation of phase diagrams,

Academic press（1970）.

[3] P. Gordon（平野憲一，根本　實　訳）：平衡状態図の基礎，丸善（1971）.

[4] 横山　亨：図解　合金状態図読本，オーム社（1974）.

[5] 吉岡甲子郎：相律と状態図，共立出版（1984）.

[6] 山口明良：プログラム学習　相平衡状態図の見方・使い方，講談社（1997）.

[7] N. Saunders and A. P. Miodownik：CALPHAD, Pergamon（1998）.

[8] R. Koningsveld, W. H. Stockmayer and E. Nies：Polymer phase diagrams, Oxford（2001）.

[9] 中江英雄：状態図と組織，八千代出版（2001）.

[10] 三浦憲司，小野寺秀博，福富洋志：見方考え方　合金状態図，オーム社（2003）.

[11] B. Predel, M. Hock and M. Pool：Phase diagrams and heterogeneous equilibria, Springer（2004）.

[12] 西沢泰二：ミクロ組織の熱力学，日本金属学会（2005）.

[13] H. L. Lukas, S. G. Fries and B. Sundman：Computational thermodynamics, Cambridge（2007）.

[14] K. Hack（ed.）：The SGTE casebook 2nd edition, CRC press（2008）.

[15] M. Hillert：Phase equilibria, phase diagrams and phase transformations 2nd edition, Cambridge（2008）.

D　熱力学に関する書籍

[1] Prigogine and R. Defay（妹尾　学　訳）：化学熱力学，みすず書房（1966）.

[2] L. D. Landau and E. M. Lifshitz（小林秋男，小川岩雄，富永五郎，浜田達二，横田伊佐秋　訳），統計物理学（上，下）第三版，岩波書店（1980）.

[3] H. B. Callen（小田垣孝　訳）：熱力学および統計物理入門（上，下）第二版，吉岡書店（1998）.

[4] 田崎晴明：熱力学　現代的な視点から，培風館（2000）.

[5] 毛利哲雄：材料システム学，朝倉書店（2002）.

[6] 清水　明：熱力学の基礎，東京大学出版会（2007）.

[7] 阿部太一，橋本　清：Thermo-Calc による状態図・熱力学計算，金属，**77**（2007）.

[8] 物質・材料研究機構　監修：環境・エネルギー材料ハンドブック，オーム社（2011）.

E 関連ウェブサイト

[1] SGTE : http://www.crct.polymtl.ca/sgte/

[2] APDIC : http://www.apdic.info/

[3] CALPAHD : http://www.calphad.org/

[4] NIST, Database for solder systems :
https://www.metallurgy.nist.gov/phase/solder/solder.html

[5] ASM, alloy phase diagrams center online :
https://www.asminternational.org/home/-/journal_content/56/10192/15469013/
DATABASE

[6] Naval research Lab., Crystal lattice structures :
https://homepage.univie.ac.at/michael.leitner/lattice/index.html

[7] Carnegie mellon univ. : http://alloy.phys.cmu.edu/

[8] M. Sluiter, Enthalpy database

[9] H. L. Skriver. CAMP database : https://guglen.dk/databases/

[10] Matnavi : https://mits.nims.go.jp/

[11] 産業総合技術研究所，計量標準総合センター，分散型熱物性データベース :
https://tpds.db.aist.go.jp/download.html

[12] NIST-JANAF Thermodynamic tables : https://janaf.nist.gov/

索　引

あ
アモルファス形成能·················153
アモルファス固体·················153
アモルファス相·················153
アルケマーデ則·················141
アレニウスの式·················88

い
イオン溶体·················59
一変系反応·················135
一般化密度勾配近似·················166

え
液相線·················91
液相面投影図·················135
エンタルピー·················12,21
　　——の基準·················32
　　過剰·················48
エンドメンバー·················57,68,190
エントロピー·················11,16
　　——の基準·················32
　　過剰——·················48
　　混合の——·················43
　　磁気·················37

お
オイラーの関係式·················22

か
会合体·················85,92
会合溶体モデル·················85,88,121
外部変数·················10
化学量論化合物·················54,118
可逆過程·················14
核生成頻度·················155
核の成長速度·················155

か
過剰エンタルピー·················48
過剰エントロピー·················48
過剰ギブスエネルギー·················43
過剰比熱·················48
活量·················50
ガラス転移·················154
　　——温度·················154
カルノー因子·················15
カルノーサイクル·················13
カルファド法·················1,31
過冷却液相·················153

き
記憶図·················21
擬化学モデル·················3,77
規則相·················64,181
規則-不規則変態·················62,64
ギブスエネルギー·················21,42
　　過剰——·················48
　　——の圧力依存性·················34
　　磁気過剰——·················35
　　純物質の——·················31,196
　　モル——·················24
　　溶体相の——·················43
ギブス-デューエムの関係·················23
ギブスの相律·················9,26
逆転固相線·················152
キュリー温度·················36,39
キュリー-ワイス則·················39
共役線·················107
共役対·················18
強磁性·················124
　　——相·················36
凝縮系の相律·················26,108
共晶反応·················111
局所密度近似·················166

均質生成理論·····················155
金属ガラス·······················153

く

空孔·······························87
　複——·····················87,90,91
空孔生成エンタルピー···············88
空孔生成エントロピー···············88
空孔生成ギブスエネルギー···········88
駆動力·························28,155
クラウジウスの不等式···············16
クラスター・サイト近似··············3
グランドポテンシャル···············21
クリティカルセット·················169

け

計算状態図データベース··········7,102
ケミカルポテンシャル·····18,26,50,141

こ

恒温変態曲線·····················156
合成反応·························116
鉱物学的相律······················26
固相線···························107
　逆転——·····················152
コップ‐ノイマン則··················55
コングルーエントポイント··········110
混合のエントロピー·················43
コンパウンドエナジーフォーマリズム
······························53

し

磁気エントロピー···················37
磁気過剰ギブスエネルギー········35,95
磁気転移··························95
磁気変態··························124
磁気モーメント····················37
示強変数···························9
σ相··························55,167
示差熱分析·························13

実在気体··························42
島状溶解度ギャップ················130
重量分率··························24
シュライネマーカース則············194
シュライネマーカースの束··········138
シュレーディンガー方程式··········164
準正則溶体·····················45,186
準静的···························12
純物質のギブスエネルギー·······31,196
常磁性···························124
　——キュリー温度················39
　——相·························36
状態図···························10
状態変数···························9
示量変数···························9
侵入型固溶体······················58

す

スピノーダル線···················123
スピノーダル分解·················124
スプリットコンパウンドエナジーモデル
···························65,182

せ

正則溶体·······················44,108
　——モデル·················44,108
セグレゲーションリミット···········47
セットアップファイル··············168
ゼロフラクションライン············140
ゼロポテンシャル··················21
漸近キュリー温度··················39

そ

相互作用パラメーター·········44,90,105

た

大域極小化······················3,130
　——機能·······················175
第一原理計算·······150,164,174,190
体積弾性率························34

体積膨張率·······················34
タイライン（共役線）·············107
縦断面図························132
短範囲規則······················53
　　──化·····61,62,76,90,128,173

ち
長範囲規則度····················69
長範囲規則化····················53
調和融解·······················110
調和融点·······················110

つ
対相互作用エネルギー·············44
対相互作用パラメーター···62,68,78,180
対の結合エネルギー··········44,78,180

て
定圧比熱························18
定積比熱························18
定比化合物······················54
てこの法則······················27

と
等圧過程························12
等温圧縮率······················34
等温過程························12
等温断面図··················132,135

な
内部エネルギー··················11
内部変数························11

に
西沢ホーン······················127
2副格子························66
　　──モデル····················79

ね
ネール温度······················39

熱圧力分析······················13
熱力学アセスメント
　　··············45,147,163,168,191
熱力学計算ソフトウェア············3
熱力学第一法則··················11
熱力学第二法則··················11
熱力学第三法則··················17
熱力学第0法則···················9
熱力学データベース···········2,147
熱力学的磁気モーメント···········96
熱力学モデル·················3,31
ネルンスト-プランクの定理··········17

は
バイノーダル線··················123
ハミルトニアン··················164
反強磁性因子····················38
反強磁性-常磁性転移···············38

ひ
B2型規則構造····················53
非理想気体······················42

ふ
フェーズフィールド法··············8
深い共晶····················117,154
不規則相···················65,181
複空孔····················87,90,91
　　──の生成エンタルピー··········91
　　──の生成エントロピー··········91
　　──の生成ギブスエネルギー······91
副格子濃度······················59
副格子モデル····················53
不定比化合物·················59,120
部分量·························22
不変反応·······················111
フラストレート系················40
ブラッグ-ウイリアムズ-ゴルスキー
　　（B-W-G）近似·················43

へ

平衡状態……………………………8
ヘルムホルツエネルギー……………21

ほ

包晶反応……………………………111
ボーア磁子……………………………37
ポップファイル……………………168
ボルツマンの式………………17,43

ま

マックスウェルの関係式……23,138,195
マフィン-ティン半径………………165

み

密度汎関数法（DFT）………………165

も

モルギブスエネルギー………………25
モル体積………………………………24
モル分率………………………………24
モル量…………………………23,24

ゆ

有芯組織……………………………113

よ

溶解度ギャップ……………109,123,186
　　島状——……………………………130

溶解度積……………………………141
溶解度線……………………………141
溶体相のギブスエネルギー…………43
4副格子………………………………70
　　——モデル………………70,82

ら

ラウール基準の活量…………………51
ラティススタビリティ…………51,190

り

理想ガラス化温度…………………157
理想気体………………………………42
　　非——……………………………42
　　——の状態方程式………………41
理想溶体………………………43,105
リチャーズの経験則………………106
臨界冷却速度………………154,157

る

ルジャンドル変換……………………19

れ

レシプロカルパラメーター…61,68,179
連続冷却変態曲線…………………160

わ

ワイコフポジション…………………55

欧字先頭語索引

A

Ag-Bi ································ 152
Ag-Pd ································ 152
Al ···································· 196
Alkemade 則 ······················ 141
Al-Nb ······························· 153
Al-Sn ······························· 112
APW 法 ····························· 165
Au-Cu ······························· 72
Au-Mg ······························ 149
Au-Mg-Pb ·························· 149
Au-Ni ························ 110,148
Au-Pb ······························ 149

B

B2 型規則構造 ······················ 53
BINGSS ······························ 3
Boltzman の式 ················ 17,43
Bragg-Williams-Gorsky（B-W-G）近似
································ 43

C

CALPHAD 法 ················ 1,31,87
Carnot サイクル ··················· 13
CaTCalc ····························· 3
CCT 曲線 ··························· 160
Co-Mn ······························ 127
Co-Mo ······························ 127
Co-Si ······························· 153
COST データベース ··············· 151
Cr-Fe ·························· 40,55
Cr-Ni ······························· 52
Cr-Re ······························ 167
Cu-Nb ······························ 112
Cu-Ni ······························ 107
Cu-Pd ······························ 121

Cu-Rh

Cu-Rh ······························ 112
Curie 温度 ······················ 36,39
Curie-Weiss 則 ····················· 39
Cu-Zr ·························· 118,158

D

DFT（Density Functional Theory）
································ 165
DICTRA ······························ 4
Doolittle の式 ····················· 157

F

FactSage ······················ 3,4,163
Fe ······························· 10,33
Fe-Cr-C ···························· 141
Fe-S ··························· 84,121
Fe-Si ······························· 151
FLAPW 法 ·························· 166

G

GGA ································· 166
Gibbs エネルギー ············· 21,34,42
Gibbs の相律 ····················· 9,26
Gibbs-Duhem の関係 ··············· 23
Grover モデル ······················ 35

H

Hillert-Jarl モデル ·················· 37

I

Inden モデル ···················· 36,95
Ir-Ni ······························ 107
Ir-Pt ······························· 173

J

Johnson-Mehl-Avrami の速度論的取り

207

扱い‥‥‥‥‥‥‥‥‥‥‥‥‥ 154

K
Kauzmann 温度 ‥‥‥‥‥‥‥‥ 157
Kopp-Neumann 則 ‥‥‥‥‥‥‥ 55

L
LDA ‥‥‥‥‥‥‥‥‥‥‥‥‥ 166
LDA＋U ‥‥‥‥‥‥‥‥‥‥‥ 167
Lukas Program ‥‥‥‥‥‥‥‥ 3,4

M
Malt2 ‥‥‥‥‥‥‥‥‥‥‥‥‥ 4
MatCalc ‥‥‥‥‥‥‥‥‥‥‥‥ 4
Maxwell の関係式 ‥‥‥ 23,138,195
Mg-Pb ‥‥‥‥‥‥‥‥‥‥‥ 149
MTDATA ‥‥‥‥‥‥‥‥‥‥‥ 4
Muggianu 型 ‥‥‥‥‥‥‥‥‥ 47
Murnaghan モデル ‥‥‥‥‥‥ 35

N
Nernst-Plank の定理 ‥‥‥‥‥ 17
Ni-Pt ‥‥‥‥‥‥‥‥‥‥ 72,76,84
Ni-Ti ‥‥‥‥‥‥‥‥‥‥‥‥ 153
Ni-Zr ‥‥‥‥‥‥‥‥‥ 86,118,159

O
Opti-Sage ‥‥‥‥‥‥‥‥‥ 3,163

P
PANDAT ‥‥‥‥‥‥‥‥ 3,4,163
Pan-Optimizer ‥‥‥‥‥‥ 3,4,163
Parrot モジュール ‥‥‥‥‥ 3,163

R
Redlich-Kister(R-K)級数 ‥‥ 41,44,88
Redlich-Kister-Muggianu(R-K-M)型
　過剰ギブスエネルギー ‥‥‥‥‥ 47

S
Schreinemakers の束 ‥‥‥‥‥ 138
Schrödinger 方程式 ‥‥‥‥‥‥ 164
SER（Standard Element Reference）
　‥‥‥‥‥‥‥‥‥‥‥‥‥‥ 32
SGTE ‥‥‥‥‥‥‥‥‥‥‥‥ 33
―― Pure データベース ‥‥‥ 33,52
―― Unary データベース ‥‥‥‥ 99
Sn-Zr ‥‥‥‥‥‥‥‥‥‥‥ 151
Stokes-Einstein の式 ‥‥‥‥‥ 156

T
TDB ファイル ‥‥‥‥‥‥ 5,87,148
TDC ファイル ‥‥‥‥‥‥‥‥ 5
Thermo-Calc ‥‥‥‥‥ 3,4,147,163
Thermosuite ‥‥‥‥‥‥‥‥‥ 4
Tsonopoulos 法 ‥‥‥‥‥‥‥ 42
TTT 曲線 ‥‥‥‥‥‥‥‥ 156,160

V
VASP ‥‥‥‥‥‥‥‥‥‥‥ 164
Vogel-Future-Tammann の式 ‥‥ 157

W
Warren-Cowley の短範囲規則度 ‥‥ 78
Wien2k ‥‥‥‥‥‥‥‥‥‥‥ 164
Wyckoff ポジション ‥‥‥‥‥‥ 55

材料学シリーズ　監修者

堂山昌男
東京大学名誉教授
帝京科学大学名誉教授
Ph. D., 工学博士

小川恵一
元横浜市立大学学長
Ph. D.

北田正弘
東京芸術大学名誉教授
工学博士

著者略歴　阿部　太一（あべ　たいち）

1967 年　横浜市に生まれる
1990 年　東海大学工学部金属材料技術研究科卒業
1992 年　東海大学大学院工学研究科修士課程修了
1992 年　科学技術庁金属材料技術研究所（現 物質・材料研究機構）
　　　　　研究員
　　　　　現在に至る（この間 2002～2003 年スウェーデン王立工科大学客
　　　　　員研究員）
　　　　　博士（工学）（東京工業大学）

検印省略

2011 年 7 月 25 日　第 1 版発行
2019 年 8 月 25 日　増補新版発行

材料学シリーズ

材料設計計算工学 計算熱力学編
CALPHAD 法による熱力学計算および解析
増補新版

著　者 © 阿　部　太　一
発 行 者　　内　田　　　学
印 刷 者　　馬　場　信　幸

発行所　株式会社　内田老鶴圃　〒112-0012 東京都文京区大塚 3 丁目34番 3 号
　　　　　　　　　　　　　　　電話（03）3945-6781（代）・FAX（03）3945-6782
http://www.rokakuho.co.jp/
印刷・製本/三美印刷 K. K.

Published by UCHIDA ROKAKUHO PUBLISHING CO., LTD.
3-34-3 Otsuka, Bunkyo-ku, Tokyo, Japan

U. R. No. 649-1

ISBN 978-4-7536-5939-5 C3042

材料設計計算工学 計算組織学編
フェーズフィールド法による組織形成解析
小山 敏幸 著 A5・156 頁・本体 2800 円

TDB ファイル作成で学ぶ
カルファド法による状態図計算
阿部 太一 著 A5・128 頁・本体 2500 円

材料組織弾性学と組織形成
フェーズフィールド微視的弾性論の基礎と応用
小山 敏幸・塚田 祐貴 著 A5・136 頁・本体 3000 円

3D 材料組織・特性解析の基礎と応用
シリアルセクショニング実験およびフェーズフィールド法からのアプローチ
日本学術振興会第 176 委員会
新家 光雄 編／足立 吉隆・小山 敏幸 著
A5・196 頁・本体 3800 円

材料の組織形成 材料科学の進展
宮崎 亨 著 A5・132 頁・本体 3000 円

材料電子論入門
第一原理計算の材料科学への応用
田中 功・松永 克志・大場 史康・世古 敦人 共著
A5・200 頁・本体 2900 円

鉄鋼の組織制御 その原理と方法
牧 正志 著 A5・312 頁・本体 4400 円

鉄鋼材料の科学 鉄に凝縮されたテクノロジー
谷野 満・鈴木 茂 著 A5・304 頁・本体 3800 円

金属の相変態 材料組織の科学 入門
榎本 正人 著 A5・304 頁・本体 3800 円

基礎から学ぶ 構造金属材料学
丸山 公一・藤原 雅美・吉見 享祐 共著
A5・216 頁・本体 3500 円

新訂 初級金属学
北田 正弘 著 A5・292 頁・本体 3800 円

金属疲労強度学 疲労き裂の発生と伝ぱ
陳 玳珩 著 A5・200 頁・本体 4800 円

金属の疲労と破壊
破面観察と破損解析
Brooks・Choudhury 著／加納 誠・菊池 正紀・町田 賢司 共訳
A5・360 頁・本体 6000 円

材料強度解析学
基礎から複合材料の強度解析まで
東郷 敬一郎 著 A5・336 頁・本体 6000 円

高温強度の材料科学
クリープ理論と実用材料への適用
丸山 公一 編／中島 英治 著
A5・352 頁・本体 7000 円

結晶塑性論
多彩な塑性現象を転位論で読み解く
竹内 伸 著 A5・300 頁・本体 4800 円

材料工学入門 正しい材料選択のために
Ashby・Jones 著／堀内 良・金子 純一・大塚 正久 訳
A5・376 頁・本体 4800 円

材料の速度論
拡散，化学反応速度，相変態の基礎
山本 道晴 著 A5・256 頁・本体 4800 円

材料における拡散
格子上のランダム・ウォーク
小岩 昌宏・中嶋 英雄 著 A5・328 頁・本体 4000 円

金属物性学の基礎 はじめて学ぶ人のために
沖 憲典・江口 鐵男 著 A5・144 頁・本体 2500 円

再結晶と材料組織 金属の機能性を引きだす
古林 英一 著 A5・212 頁・本体 3500 円

金属間化合物入門
山口 正治・乾 晴行・伊藤 和博 著
A5・164 頁・本体 2800 円

稠密六方晶金属の変形双晶
マグネシウムを中心として
吉永 日出男 著 A5・164 頁・本体 3800 円

合金のマルテンサイト変態と形状記憶効果
大塚 和弘 著 A5・256 頁・本体 4000 円

粉末冶金の科学
German 著
三浦 秀士 監修／三浦 秀士・高木 研一 共訳
A5・576 頁・本体 9000 円

水素脆性の基礎
水素の振るまいと脆化機構
南雲 道彦 著 A5・356 頁・本体 5300 円

表示価格は税別の本体価格です．　　　http://www.rokakuho.co.jp/